高等学校理工类专业应用型本科“十四五”规划教材

电路原理实验指导书

主　编　张　婷

副主编　郭莉莉　耿梦斯

武汉理工大学出版社

·武　汉·

内 容 简 介

本书旨在为学生提供一本全面实用的电路实验指导书。全书分为5章:第1章介绍了电路实验的基础知识,包括电路实验的基本要求、实验故障的分析与排除、安全注意事项等;第2章设置了15个验证性实验;第3章设置了10个综合性、设计性实验;第4章介绍了常用的电路测量设备,包括万用表、函数信号发生器、数字示波器等;第5章介绍了常用仿真软件。对于每个实验,都提供了详细的操作步骤和注意事项,学生可进行数据记录和整理。

本书可作为高等学校电路实验课程的教材使用,同时也可供相关技术人员参考学习。

图书在版编目(CIP)数据

电路原理实验指导书 / 张婷主编. --武汉 ：武汉理工大学出版社，2024.6

ISBN 978-7-5629-7042-2

Ⅰ.TM13-33

中国国家版本馆 CIP 数据核字第 2024G3J973 号

项目负责人:王利永(027-87290908)

责 任 编 辑:黄玲玲

责 任 校 对:夏冬琴

版 式 设 计:正风图文

出 版 发 行:武汉理工大学出版社

地　　　址:武汉市洪山区珞狮路122号

邮　　　编:430070

网　　　址:http://www.wutp.com.cn

经　　　销:各地新华书店

印　　　刷:湖北金港彩印有限公司

开　　　本:787 mm×1092 mm　1/16

印　　　张:8.5

字　　　数:212千字

版　　　次:2024年6月第1版

印　　　次:2024年6月第1次印刷

定　　　价:26.00元

前　言

电子信息技术的快速发展，推动了社会的进步，而电路原理作为电子信息技术的基础，其重要性不言而喻。为了帮助广大学生更好地掌握电路原理知识，提高实验操作技能，我们编写了这本《电路原理实验指导书》。

本书的编写以电路原理为基础，结合实际应用，详细介绍了电路原理实验的基本知识、实验方法和实验步骤，旨在为学生提供全面、系统的电路原理实验指导，帮助学生深入理解电路原理的基本概念和基本理论，培养学生的实验技能和创新能力。通过本书的学习，学生将能够掌握电路原理实验的基本知识和实验方法，提高实验操作技能和实验数据分析能力，为今后的学习和工作打下坚实的基础。

本书由张婷任主编，郭莉莉、耿梦斯任副主编，孙长江、卢传己、富佳佳参编。在本书的编写过程中，我们得到了沈阳城市建设学院领导的大力支持，同时还要感谢信息与控制工程学院实验中心的帮助。本书的编写过程中，参考、吸取了许多专家和同仁们的宝贵经验，在此一并表示感谢。

由于时间和水平有限，书中难免存在不足之处，恳请广大读者批评指正。

编　者

2024 年 3 月

目　录

1　电路实验概论

1.1　电路实验课开设的意义与目的

电路实验课是电气、电子信息类专业的学生进入技术基础课学习阶段的第一门实验课，也是一门操作性很强的实验课程，是电路课程教学的重要组成部分，是学生获得电工电子实验技能和理论教学知识的重要环节。它以电路理论为基础，以基本测量技术和方法为手段，培养学生基本的实验技能、独立的操作能力、良好的实验素养。通过必要的实验技能训练和验证性实验，使学生将理论与实践相结合，巩固所学知识。通过实验教学，可以帮助学生加深对理论知识的理解、掌握实验技能，提高学生主动获取知识、运用知识的能力，加强学生的创新意识和创新能力。

1.2　电路实验的过程与要求

实验课通常分为课前预习、实际操作和编写实验报告三个阶段。

1.2.1　课前预习

实验能否顺利进行和达到预期的效果，很大程度上取决于预习是否充分，因此要求学生在每次实验前认真阅读实验指导书中有关内容，明确实验目的和任务，了解实验原理、实验方法和步骤及注意事项，对实验中应观察的实验现象和测量数据做到心中有数，并按要求写出预习报告。实验前需将预习报告交指导教师检查，无预习报告或者预习报告不合格者不允许进行实验。

预习报告内容包括：

① 实验名称、班级、姓名、实验台号、同组人姓名、实验日期。

② 实验目的。

③ 实验原理简述。

④ 各实验“预习要求”中的自拟线路、数据表格的设计和计算等内容。

⑤ 实验步骤。

1.2.2 实际操作

良好的工作方法和操作程序,是使实验顺利进行的有效保证,实验通常按下列程序进行:

① 教师在实验前检查预习情况,然后讲授实验要求及注意事项。

② 学生到指定的实验台上进行实验前的准备工作。内容包括清点本次实验所用实验器件及仪器设备,了解它们的使用方法,做好记录的准备工作等。

③ 按实验线路图接好线路,经自查无误并请指导教师复查后方可合上电源。

④ 按拟定的实验步骤或方案进行操作,观察现象,读取、记录数据。注意,实验数据需记录于指定的原始数据记录纸上。实验数据在课上修改需经指导教师认可,课后修改的原始数据无效。

⑤ 在实验过程中,学生要根据课前预习,分析所测数据的合理性。实验内容完成后,实验原始数据需经指导教师检查,并由教师在原始数据记录纸上签字。注意:指导教师签字前不可拆除线路。

⑥ 切断电源并拆线。

⑦ 做好实验设备、实验台(桌、椅)及周围环境的清洁整理工作。

⑧ 经指导教师同意后离开实验室。

1.2.3 编写实验报告

实验报告是对实验工作的全面总结。编写实验报告是实验课的重要环节,其目的是为了培养学生严谨的科学态度,用简明的形式将实验结果表达出来。实验报告一律用专用实验报告纸来写,报告要求文理通顺、简明扼要、图表清晰、结论正确、分析合理、讨论深入。

实验报告应包括下列内容:

① 实验目的。

② 实验原理。

③ 实验内容:列出具体实验内容与要求,画出实验电路图,拟定主要步骤和数据记录表格。

④ 实验仪器与设备:列出实验所需用的仪器与设备的名称、型号、规格和数量等。

⑤ 注意事项:实验中应注意哪些问题。

⑥ 实验结论与分析:根据实验数据分析实验现象,对产生的误差分析其原因,得出结论,并将原始数据或经过计算的数据整理为数据表。如需画出曲线或相量图,应绘制在方格纸上。对实验中出现的问题应进行讨论,得出结论。

⑦ 回答思考题。

学生在实验后,应及时书写实验报告。每次实验报告与实验原始数据记录纸装订在一起,按指定时间准时交给指导教师。

1.3 实验故障的分析与排除

在实验的过程中，难免出现各种故障现象，遇到时应冷静分析并排除故障。排除故障的过程极其重要，不是简单地拆线重连，而是通过观察、测量进行故障诊断，从而找出故障点并有效排除，这是必备的实验技能，也是一个提高分析问题、解决问题能力的好机会。

1.3.1 常见故障分析

电子实验的故障多种多样，例如，无输出波形、输出不稳定、输出电压过高无法调整等。有的是一种原因引起故障，有的是多种原因相互作用而产生的，电路的设计、安装和调试均可能是产生故障的原因。常见的故障分成以下 5 类。

① 电路设计产生故障。例如，设计时参数计算不正确、电子元器件选择错误、电路设计不满足器件技术要求等。

② 电路安装产生故障。例如，接线错误（错接、多线、少线等）、器件安装错误（正负极接反、引脚接错等）、电子元器件接触不良、焊接板面出现不当连孔等。

③ 电子元器件损坏产生故障。例如，电位器、电容、电阻、三极管、二极管、集成芯片等性能损坏，导线故障（接触不良、内部断线等）。

④ 仪器使用不当产生故障。例如，仪器选择不当（如测交流电压有效值要考虑所用测量仪器的频率范围），信号发生器操作不当（如输入信号大小为幅值或有效值），示波器操作不当（如小信号波形不稳定，需去毛刺等）。

⑤ 各种干扰产生故障。例如，器件与仪器没有共地，布线不合理造成自振荡等。

1.3.2 故障的查找

查找故障的目的是确定故障的原因和故障部位，便于后续及时排除，使实验系统恢复正常工作。查找故障通常采用以下方式。

（1）检查实验线路

在检查电路时，需断电查线，不接通电源和输入信号。在确保电路设计正确的前提下，对照线路图进行检查，可先将电源端和接地端、输入端和输出端找出，以有源器件为中心，逐级检查。检查有无错接、漏接电子元器件，连线有无错接和少接，有无接头松动虚连的情况，三极管的引脚是否接对，二极管和稳压管的极性是否接反，集成芯片放置方向是否正确，有无引脚弯曲未插进焊接孔的现象等。由于实验室导线使用频率很高，导线内部损坏的情况时有发生，若接线无误，需用万用表蜂鸣挡或欧姆挡检测线路是否有断线。

（2）检查电路直流状态

如果断电查线未发现问题，可以在直流工作状态下进行检查（可在输入端通过电容器接地，以免外界干扰信号加到输入端），接通直流电源（确保电源输出电压符合实验参数要求），通过示波器观察电路输出端，检查电路是否在静态中，用万用表DCV挡检查电路板上直流电源电压是否正常，然后逐级检查三极管、运算放大器、线性集成电路等的直流工作点，判断是否在正常范围，如有调节元件，可将直流工作点调到要求值。如果检测到某电子元器件的状态与测量值不符，说明该电子元器件有可能损坏。直流工作状态是电路正常工作的必要条件，此时的电压放大倍数、电流放大倍数等技术参数的实验值要求与理论值相符。

(3) 检查电路交流状态

如果实验线路和直流状态都没有问题，就需要动态检查电路的交流状态，不断地调整输入并检查输出是否正确。利用万用表ACV挡测量，或者用示波器观察输出波形的变化情况，如果与理论值不符，立即调整工作状态。对于多级放大电路，采取逐级输入信号依次检查的方法进行检测，如果某级有故障则该级输出信号的波形一定不正常，故障可能由该级电路或影响该级工作的前级或后级电路产生。对于经过直流工作点检查的单级阻容耦合放大电路，可给放大器输入小幅值的中频信号，用示波器观察波形的幅值和失真情况，判别放大电路工作状况是否正常。然后通过加大输入信号幅值，观察输出波形的失真情况，逐渐加大输入信号，如果输出波形峰顶、峰谷两处都同时出现失真，就说明工作点在负载线的中点，工作情况良好；若只有峰顶失真(即截止失真)，说明工作点偏下，应调节R_b使增大，工作点沿负载线上移；若只有峰谷失真(即饱和失真)，说明工作点偏上，则应调节R_b使减小，工作点沿负载线下移。

1.3.3 故障的排除

分析和排除故障的方法是多种多样的，面对故障，要冷静处理，能否快速、准确地找到故障并排除，需要扎实的理论基础和丰富的实践经验，只有通过不断地知识积累，才能提高分析和解决问题的能力。

(1) 电子元器件损坏

若故障是由电子元器件损坏造成，应用同型号电子元器件替代，更换时注意正负极、引脚等，插拔时注意力度，避免电子元器件损坏。

(2) 导线损坏、焊接接触不良等

若导线损坏，应更换导线，使用前测试导线通断，焊接脱落焊点。选用导线时，注意选择合适长度的导线，不宜过长产生干扰。

(3) 接线错误等

在确保电路设计正确的前提下，按照一定顺序逐级查线，将“少接多接”的情况排除。如有短路报警，则第一时间断电进行查线。

检查修复后的电路系统是否正常。检查输出信号波形或数值等，只有达到规定的技术要求，才能确定故障完全排除。

总之，在实验过程中遇到故障时，要耐心细致地分析查找或请老师帮助检查，切不可遇难而退，只有动脑筋分析查找故障，才能提高自己分析问题和解决问题的能力，才能在实验过程中培养严肃认真的科学态度和细致踏实的实验作风。具有良好的实验基本技能，才能为今后的专业实验、生产实践与科学研究打下坚实的基础。

1.4 实验室安全与用电常识

1.4.1 学生实验守则

学生在实验前应仔细阅读实验守则并严格执行，其内容如下：

① 学生应按规定时间到实验室上实验课，不得迟到、早退。

② 进入实验室必须遵守实验室的规章制度，必须保持安静，不准高声谈笑，不准随地吐痰，不准乱扔纸屑杂物。

③ 不准动用与本次实验无关的仪器及室内设施。

④ 学生实验前做好预习，认真阅读实验指导书，复习有关基础理论，并接受指导教师质疑检查。

⑤ 一切准备工作就绪后，必须经指导教师同意，方可动用仪器设备进行实验。

⑥ 实验中要细心观察，独立操作，认真记录各种实验数据，不许抄袭他人数据，实验过程中不得擅自离开操作岗位。

⑦ 实验中要注意安全，使用仪器设备要遵守操作规程，并尽量节约水、电等其他消耗材料。

⑧ 实验过程中出现事故时要保持镇静，迅速采取措施（包括切断电源、切断水源等），防止事故扩大，并注意保护现场，及时向指导教师报告。

⑨ 实验后请指导教师检查使用的仪器设备，清扫实验场地，经指导教师同意后方可离开实验室。

⑩ 实验结束后，学生应如实填写实验仪器、设备使用记录，按规定和要求认真完成实验报告。不得抄袭他人报告，更不能代替他人完成实验，经发现按照学生考试违纪处理。

⑪ 爱护国家财产，凡损坏仪器、设备、器皿、工具或实验材料超额消耗者，要主动说明原因并接受检查，写出损坏情况报告，指导教师根据学校规定和损坏具体情况及时进行处理。违反操作规程或擅自动用其他设备造成损坏者，由事故责任者做出书面检讨，视其认识程度和情节轻重，赔偿部分或全部损失。

1.4.2 实验室消防安全

实验室消防安全要求如下：

① 坚持“谁主管，谁负责”的原则。教学单位对所属的实验室必须签订防火安全责任书，切实将安全责任落实到人，落实到位，落实到每一个实验室。

② 加强消防安全知识和消防安全纪律教育，提高消防安全意识，掌握消防器材的使用方法。实验教师、实验技术人员和参加实验的学生要熟悉各项安全操作规程，养成良好的工作作风和严谨的科学态度，做到安全实验。

③ 禁止在实验室内吸烟、动用明火，不准私自安装电气照明设备，不准随意存放易燃、易爆、易腐蚀和剧毒危险品。

④ 实验前要检查仪器、设备、电源和防腐防爆设施是否处于良好状态，不得带故障操作。

⑤ 实验需用的电热设备(电炉子、电烙铁、加热器等)必须放在指定的安全地点，有专人负责管理。

⑥ 每次实验前，要向参加实验人员讲清安全注意事项，在实验操作过程中，不准擅自离开工作岗位。

⑦ 实验结束后，要及时关闭仪器设备电源，检查确认无安全隐患时方可离岗。

⑧ 安全检查制度化，发现安全隐患要立即报告、及时处理。

⑨ 爱护保管好消防设施和消防器材。

1.4.3 用电安全简述

电力作为一种最基本的能源之一，是国民经济及广大人民日常生活不可或缺的。电本身看不见、摸不着，具有潜在的危险性。只有掌握了用电的基本规律，懂得了用电的基本常识，养成严格按规程操作的良好习惯，电能才能很好地为我们服务；否则，会造成意想不到的电气故障，导致人身触电，电气设备损坏，甚至引起重大火灾、事故等。事故轻则使人受伤，重则致人死亡，因此，必须高度重视用电安全。当人体触及带电体或与高压带电体的距离小于放电距离时，因强力电弧等使人体受到危害，这些现象统称为触电。人体受到电的危害分为电击和电伤。

1.4.3.1 电击

人体触及带电体有电流通过人体时将发生3种效应：一是热效应(人体有电阻而发热)；二是化学效应(电解)；三是机械效应(人体会立即做出反应，出现肌肉收缩并产生疼痛)。在刚触电的瞬间，人体电阻比较高，电流较小。若不能立即离开电源，则人体电阻会迅速下降而电流猛增，使人产生肌肉痉挛、烧伤、神经失去正常传导、呼吸困难、心律失常或心脏停止跳动等严重后果，甚至导致死亡。

人体受电流的危害程度与许多因素有关，如电压的高低、频率的高低、人体电阻的大小、触电部位、时间长短、体质的好坏、精神状态等。人体的电阻并不是常数，一般为40～100 kΩ，这个阻值主要集中在皮肤，去除皮肤则人体电阻只有400～800 Ω。当然，人体皮肤电阻的大小也取决于许多因素，如皮肤的粗糙或细腻、干燥或湿润、洁净或脏污等。另外，50 Hz、60 Hz的交流电对人体的伤害最为严重，直流和高频电流对人体的伤害较轻，人的心脏、大脑等部位最怕电击。

1.4.3.2 电伤

电伤是指由电流的热效应、化学效应、机械效应、电弧的烧伤及熔化的金属飞溅等造成的对人体外部的伤害。电弧的烧伤是常见的一种伤害。

1.4.3.3 触电的形式

(1) 直接触电

直接触电是指人在工作时误碰带电体造成的电击伤害。防止直接触电的基本措施是保持人体与带电体之间的安全距离。安全距离是指在各种工作条件下带电体与人之间、带电体与地面或其他物体之间以及不同带电体之间必须保持的最小距离,以此保证工作人员在正常作业时不至于受到伤害。

(2) 间接触电

间接触电是指电气设备运行中因设备漏电,人体接触金属外壳造成的电击伤害。防止此种伤害的基本措施是合理提高电气设备的绝缘水平,避免电气设备过载运行发生过热而导致绝缘层损坏,要定期检修、保养、维护设备。对于携带式电气设备,应采取工作绝缘和保护绝缘的双重绝缘措施,规范安装各种保护装置等。

(3) 单相触电

单相触电是指人站立于地面而触及输电线路的一根火线造成的电击伤害。这是最常见的一种触电方式。在 380/220 V 中性点接地系统中,人体将承受 220 V 的电压。在中性点不接地系统中,人体触及一根火线,电流将通过人体、线路与大地形成通路,也能造成对人体的伤害。

(4) 两相触电

两相触电是指人的两手分别触及两根火线造成的电击伤害。此种情况下,人的两手之间承受着 380 V 的线电压,这是很危险的。

(5) 跨步电压触电

跨步电压触电是指高压线跌落,或是采用两相一地制的三相供电系统中,在相线的接地处有电流流入地下向四周流散,在 20 m 径向内的不同点间会出现电位差,人的双脚沿径向分开,可能发生跨步电压触电。

1.4.3.4 电气安全的基本要求

(1) 安全电压的概念

安全电压是指为防止触电而采取的特定电源供电的电压系列,即在任何情况下,两导线间及导线对地之间都不能超过交流有效值 50 V。安全电压的额定值等级为 42 V、36 V、24 V、12 V、6 V。在一般情况下采用 36 V,移动电源(如行灯)多为 36 V,在特别危险的场合采用 12 V。当电压超过 24 V 时,必须采取防止直接接触带电体的防护措施。

(2) 严格执行各种安全规章制度

为了加强安全用电的管理,国家及各部门制定了许多法规、规程、标准和制度,如 GB 51348—2019《民用建筑电气设计标准》等,使安全用电工作进一步走向科学化、标准化、规范化,对防止电气事故、保证人身及设备的安全具有重要意义。一切用电客户、电气工作人员和一般的用电人员都必须严格遵守相应的规章制度。对电气工作人员来说,相关的安全组织制度包括工作许可制度、工作票制度、工作监护制度和工作间断、转移、交接制度,安全技术保障制度包括停电、验电、装设接地线、悬挂警示牌和围栏等制度。电气工作人员不能进行任何违章作业。

(3) 电气装置的安全要求

① 正确选择导线线径和熔断器:根据负荷电流的大小合理选择导线并配置相应的熔断器是避免导线过热而发生火灾事故的基本要求。应该根据导线材料、绝缘材料、布设条件、允许的温度和机械强度的要求确定导线线径。一般塑料绝缘导线的温度不得超过 70 ℃,橡皮绝缘导线的温度不得超过 65 ℃。

② 保证导线的安全距离:导线与导线之间,导线与工程设备之间,导线与地面、树木之间应保证有足够的距离。

③ 正确选择断路器、隔离开关和负荷开关:这些电器都是开关,但是功能有所不同,要正确选用。断路器是重要的开关电器,它能在事故状态下迅速断开短路电流以防止事故扩大。隔离开关有隔断电源的作用,其触点暴露,有明显的断开提示,它不能带负荷操作,应与断路器配合使用。负荷开关的开断能力介于断路器和隔离开关之间,一般只能切断和闭合正常线路,不能切断发生事故的线路,它应与熔断器配合使用,熔断器用于自动切断短路电流。

④ 要规范安装各种保护装置:如接地和接零保护、漏电保护、过电流保护、缺相保护、欠电压保护和过电压保护,目前生产的断路器的保护功能相当完善。

1.4.3.5 家庭安全用电

在现代社会,家庭用电越来越复杂,家庭触电时有发生。家庭触电是指人体站在地上接触了火线等,或同时接触了零线与火线等,究其原因分为以下几类。

(1) 无意间的误触电

① 因导线绝缘破损而导致在无意间触电,所以平时的保养、维护是不可忽视的。

② 潮湿环境下触电,所以不可用湿手扳动开关或拔、插插头。

(2) 不规范操作造成的触电

不停电修理、安装电气设备造成的触电,往往有这几种情况:带电操作但没有与地绝缘;人与地之间采取了绝缘措施但手又扶了墙;手接触火线同时又碰上零线;使用没有绝缘的工具等。所以一定切忌带电作业,而且在停电后要验电。

(3) 电气设备的不正确安装造成的危害

① 电气设备外壳没有安装保护线,设备一旦漏电就会造成触电,所以一定要使用单相三线插头并做好接地或接零保护。

② 开关安装不正确或安装在零线上,这样在开关关断的情况下,火线仍然与设备相连而造成误触电。

③ 把火线接在螺口灯泡外皮的螺口上造成触电。

④ 把接地保护接在自来水、暖气、煤气管道上,设备一旦出现短路,会导致这些管道电位升高造成触电。

⑤ 误用代替品,如用铜丝、铝丝、铁丝等代替保险丝,没有起到实际保险作用而造成火灾;用医用的伤湿止痛贴膏之类的物品代替专业用绝缘胶布造成触电等。

1.4.3.6 电气事故的紧急处置

① 对于电气事故引起的火灾,首先要就近切断电源,然后救火。切忌在电源未切断之

前用水灭火，因为水能导电反而会导致人员触电。断开开关有困难时，要用带绝缘的工具切断电源。

② 人体触电后最为重要的是迅速离开带电体，触电时间越长造成的危害越大。切断电源有困难时，救护人员不要直接裸手接触触电人的身体，而必须要有绝缘防护。切忌一人单独操作，以免发生事故而无人救护。

③ 触电的后果如何，往往取决于救护行为的快慢和方法是否得当。救护方法是根据当时的具体情况而确定的，如果触电人发生昏厥，则应当让其静躺、宽衣、保温，请医生诊治。如果触电人已经停止呼吸，甚至心跳停止，但没有明显的脑外伤和明显的全身烧伤，此时应立刻进行人工呼吸及心脏按压使心跳和呼吸恢复正常。实践证明，在 1 min 内抢救，触电人苏醒率可超过 95%，而在 6 min 后抢救，其苏醒率小于 1%。此种情况下，救护人员一定要耐心坚持，不可半途而废。

2　验证性实验

本章共15个实验，基本涵盖了电路课程的主要内容。实验课可根据实际学时选做部分实验。

2.1　电路元件伏安特性的测绘

一、实验目的

(1) 学会识别常用电路元件。

(2) 掌握线性电阻、非线性电阻元件伏安特性的测绘。

(3) 学会直流稳压电源和直流电压表、电流表的使用方法。

二、实验原理

任何一个二端元件的特性可用该元件上的端电压 U 与通过该元件的电流 I 之间的函数关系 $I=f(U)$ 来表示，即用 I-U 平面上的一条曲线来表征，这条曲线称为该元件的伏安特性曲线。

线性电阻的伏安特性曲线是一条通过坐标原点的直线，如图2.1中 a 所示，该直线的斜率等于该电阻的电阻值。

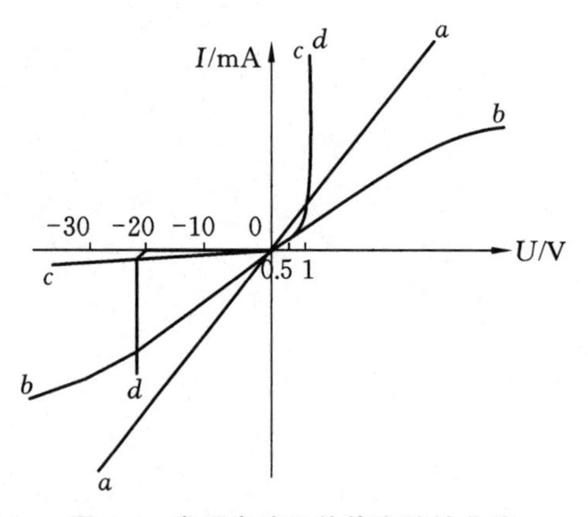

图2.1　常用电路元件伏安特性曲线

一般的白炽灯在工作时灯丝处于高温状态，其灯丝电阻随着温度的升高而增大，通过白炽灯的电流越大，其温度越高，阻值也越大，一般灯泡的"冷电阻"与"热电阻"的阻值可相差几倍至十几倍，所以它的伏安特性如图 2.1 中 b 曲线所示。

一般的半导体二极管是一个非线性电阻元件，其伏安特性如图 2.1 中 c 所示。正向压降很小（一般的锗管为 0.2～0.3 V，硅管为 0.5～0.7 V），正向电流随正向压降的升高而急骤上升，而反向电压从零一直增加到十多至几十伏时，其反向电流增加很小，粗略地可视为零。可见，二极管具有单向导电性，但反向电压加得过高，超过二极管的极限值，则会导致二极管击穿损坏。

稳压二极管是一种特殊的半导体二极管，其正向特性与普通二极管类似，但其反向特性较特别，如图 2.1 中 d 所示。在反向电压开始增加时，其反向电流几乎为零，但当电压增加到某一数值时（称为稳压二极管的稳压值，有各种不同稳压值的稳压管）电流将突然增加，以后它的端电压将基本维持恒定，当外加的反向电压继续升高时，其端电压仅有少量增加。

注意：流过二极管或稳压二极管的电流不能超过二极管的极限值，否则二极管会被烧坏。

三、实验设备（表 2.1）

表 2.1　实验设备

序号	名称	型号或规格	数量	备注
1	可调直流稳压电源	0～30 V	1	
2	直流数字毫安表	0～500 mA	1	
3	直流数字电压表	0～200 V	1	
4	二极管	IN4007	1	
5	稳压管	2CW51	1	
6	白炽灯	12 V，0.1 A	1	
7	线性电阻器	200 Ω，1 kΩ，8 W	1	

四、实验内容与步骤

1. 测定线性电阻的伏安特性

按图 2.2 接线，调节稳压电源的输出电压 U，从 0 V 开始缓慢地增加，一直到 10 V，记下相应的电压表和毫安表的读数 U_R、I，并填入表 2.2。

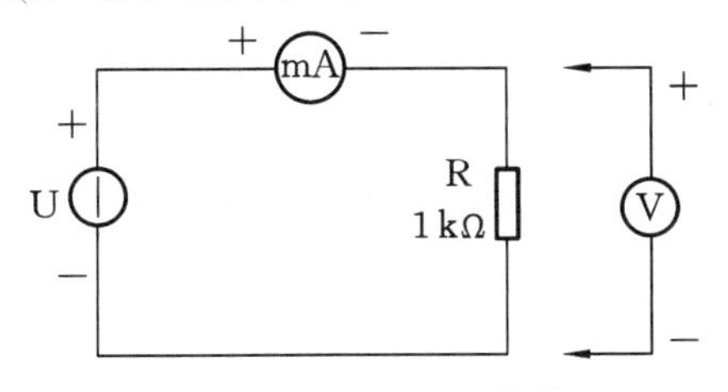

图 2.2　电阻（白炽灯）接线图

表 2.2　电阻伏安特性测量数据

U_R/V	0	2	4	6	8	10
I/mA						

2. 测定非线性白炽灯泡的伏安特性

将图 2.2 中的 R 换成一只 12 V、0.1 A 的灯泡，重复步骤 1。U_L 为灯泡的端电压。记下相应的电压表和毫安表的读数 U_L、I，填入表 2.3。

表 2.3　白炽灯伏安特性测量数据

U_L/V	0	2	4	6	8	10
I/mA						

3. 测定半导体二极管的伏安特性

按图 2.3 接线，R 为限流电阻器。测二极管的正向特性时，其正向电流不得超过 35 mA，二极管 D 的正向施压 U_{D+} 可在 0～0.75 V 之间取值。在 0.5～0.75 V之间应多取几个测量点。测反向特性时，只需将图 2.3 中的二极管 D 反接，且其反向施压 U_{D-} 可达 30 V。将测量数据填入表 2.4、表 2.5。

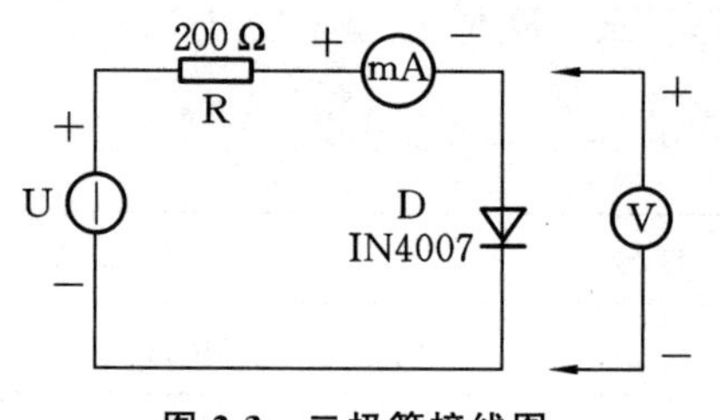

图 2.3　二极管接线图

表 2.4　二极管正向特性实验数据

U_{D+}/V	0.10	0.30	0.50	0.55	0.60	0.65	0.70	0.75
I/mA								

表 2.5　二极管反向特性实验数据

U_{D-}/V	0	−5	−10	−15	−20	−25	−30
I/mA							

4. 测定稳压二极管的伏安特性

(1) 正向特性实验

将图 2.3 中的二极管换成稳压二极管 2CW51，重复实验内容 3 中的正向测量。U_{Z+} 为 2CW51 的正向施压。将测量数据填入表 2.6。

表 2.6　稳压二极管正向特性实验数据

U_{Z+}/V							
I/mA							

(2) 反向特性实验

将图 2.3 中的 R 换成 1 kΩ，2CW51 反接，测量 2CW51 的反向特性。稳压电源的输出电压 U_O 为 0～20 V，测量 2CW51 两端的电压 U_{Z-} 及电流 I，由 U_{Z-} 可看出其稳压特性。将测量数据填入表 2.7。

表 2.7 稳压二极管反向特性实验数据

U_O/V							
U_{Z-}/V							
I/mA							

五、实验注意事项

1. 测二极管正向特性时，稳压电源输出应由小至大逐渐增加，应时刻注意电流表读数不得超过 35 mA。

2. 进行不同实验时，应先估算电压值和电流值，合理选择仪表的量程，勿使仪表超量程测量，仪表的极性亦不可接错。

六、预习思考题

1. 线性电阻与非线性电阻的概念是什么？电阻器与二极管的伏安特性有何区别？

2. 设某器件伏安特性曲线的函数式为 $I=f(U)$，试问在逐点绘制曲线时，其坐标变量应如何放置？

3. 稳压二极管与普通二极管有何区别，其用途如何？

4. 在图 2.3 中，设 $U=2$ V，$U_{D+}=0.7$ V，则毫安表读数为多少？

七、实验报告

1. 根据各实验数据，分别在方格纸上绘制出光滑的伏安特性曲线。其中二极管和稳压管的正、反向特性均要求画在同一张图中，正、反向电压可取为不同的比例尺。

2. 根据实验结果，总结、归纳各被测元件的特性。

3. 进行必要的误差分析。

4. 写出心得体会及其他注意事项。

2.2 基尔霍夫定律的验证

一、实验目的

1. 验证基尔霍夫定律的正确性，加深对基尔霍夫定律的理解。

2. 学会测量各支路电流。

二、实验原理

基尔霍夫定律是电路的基本定律，包括基尔霍夫电流定律（KCL）和基尔霍夫电压定律（KVL）。它反映了电路中所有支路电压和电流所遵循的基本规律，是分析集总参数电路的基本定律。基尔霍夫定律与元件特性构成了电路分析的基础。测量某电路的各支路电流及每个元件两端的电压，应能分别满足基尔霍夫电流定律（KCL）和电压定律（KVL）。即对电路中的任一个节点而言，应有 $\sum I=0$；对任何一个闭合回路而言，应有 $\sum U=0$。

运用上述定律时必须注意各支路或闭合回路中电流的正方向，此方向可预先任意设定。

三、实验设备（表 2.8）

表 2.8　实验设备

序号	名称	型号或规格	数量	备注
1	直流可调稳压电源	0～30 V	二路	
2	直流数字毫安表	0～20 mA	1	
3	直流数字电压表	0～200 V	1	
4	实验电路板	—	1	

四、实验内容与步骤

1. 实验前先任意设定三条支路和三个闭合回路的电流正方向。图 2.4 中的 I_1、I_2、I_3 的方向已设定。三个闭合回路的电流正方向可设为 $ADEFA$、$BADCB$ 和 $FBCEF$。

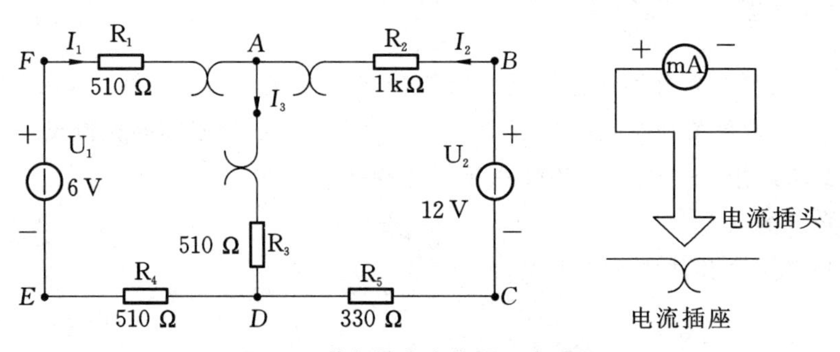

图 2.4　基尔霍夫定律原理电路图

2. 分别将两路直流稳压源接入电路，令 $U_1=6$ V，$U_2=12$ V。

3. 熟悉电流插头的结构，将电流插头的两端接至数字毫安表的“＋”“－”两端。

4.将电流插头分别插入三条支路的三个电流插座中，读出电流值并记录在表 2.9 中。

5.用直流数字电压表分别测量两路电源及电阻元件上的电压值，记录在表 2.9 中。

表 2.9 基尔霍夫定律测量数据

被测量	I_1/mA	I_2/mA	I_3/mA	U_1/V	U_2/V	U_{FA}/V	U_{AB}/V	U_{AD}/V	U_{CD}/V	U_{DE}/V
计算值										
测量值										
相对误差										

五、实验注意事项

1. 本实验线路板系多个实验通用，电路板上的 K_3 应拨向 330 Ω 侧，三个故障按键均不得按下。

2. 所有需要测量的电压值，均以电压表测量的读数为准。U_1、U_2 也需测量，不应取电源本身的显示值。

3. 防止稳压电源两个输出端碰线短路。

4. 用指针式电压表或电流表测量电压或电流时，如果仪表指针反偏，则必须调换仪表笔极性，重新测量。此时指针正偏，可读得电压值或电流值。若用数显电压表或电流表测量，则可直接读出电压值或电流值。但应注意：所读得的电压值或电流值的正、负号应根据设定的电流参考方向来判断。

六、预习思考题

1. 根据图 2.4 的电路参数，计算出待测的电流 I_1、I_2、I_3 和各电阻上的电压值，记入表 2.9 中，以便实验测量时，可正确地选定毫安表和电压表的量程。

2. 实验中，若用指针式万用表直流毫安挡测各支路电流，在什么情况下可能出现指针反偏，应如何处理？在记录数据时应注意什么？若用直流数字毫安表进行测量，则会有什么显示呢？

七、实验报告

1. 根据实验数据，选定节点 A，验证 KCL 的正确性。
2. 根据实验数据，选定实验电路中的任一个闭合回路，验证 KVL 的正确性。
3. 将支路和闭合回路的电流方向重新设定，重复 1、2 两项验证。
4. 进行误差原因分析。
5. 写出心得体会及其他注意事项。

2.3 叠加原理的验证

一、实验目的

验证线性电路叠加原理的正确性，加深对线性电路的叠加性和齐次性的认识和理解。

二、实验原理

叠加原理指出：在有多个独立源共同作用下的线性电路中，通过每一个元件的电流或其两端的电压，可以看成是由每一个独立源单独作用时在该元件上所产生的电流或电压的代数和。

线性电路的齐次性是指当激励信号（某独立源的值）增加或减小 K 倍时，电路的响应（即电路中各电阻元件上的电流值和电压值）也将增加或减小 K 倍。

三、实验设备（表 2.10）

表 2.10　实验设备

序号	名　称	型号或规格	数量	备　注
1	直流可调稳压电源	0～30 V	二路	
2	叠加原理实验电路板	—	1	
3	直流数字电压表	0～200 V	1	
4	直流数字毫安表	0～500 mA	1	

四、实验内容与步骤

1. 叠加原理电路图如图 2.5 所示，将两路稳压源的输出分别调节为 12 V 和 6 V，接入 U_1 和 U_2 处。

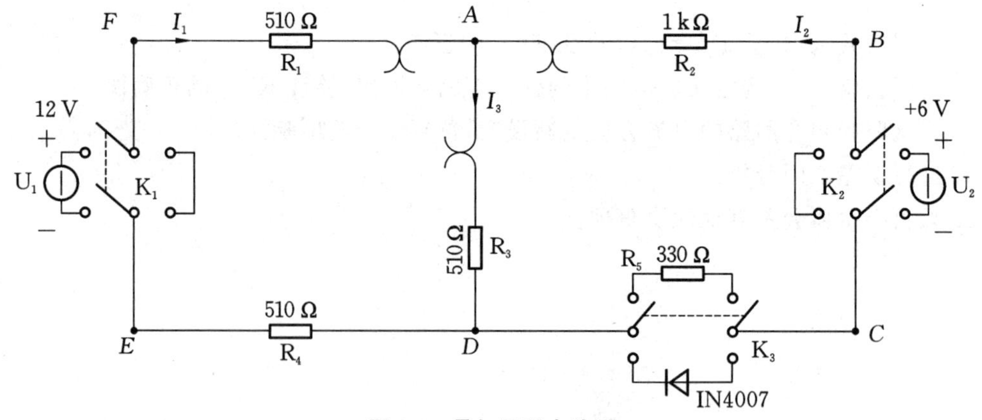

图 2.5　叠加原理电路图

2. 令 U_1 电源单独作用(将开关 K_1 投向 U_1 侧,开关 K_2 投向短路侧)。用直流数字电压表和毫安表(接电流插头)测量各支路电流及各电阻元件两端的电压,数据记入表 2.11。

3. 令 U_2 电源单独作用(将开关 K_1 投向短路侧,开关 K_2 投向 U_2 侧),重复实验步骤 2 的测量和记录,数据记入表 2.11。

表 2.11 线性电路测量数据

实验内容	U_1 /V	U_2 /V	I_1 /mA	I_2 /mA	I_3 /mA	U_{AB} /V	U_{CD} /V	U_{AD} /V	U_{DE} /V	U_{FA} /V
U_1 单独作用										
U_2 单独作用										
U_1、U_2 共同作用										
$2U_2$ 单独作用										

4. 令 U_1 和 U_2 共同作用(开关 K_1 和 K_2 分别投向 U_1 和 U_2 侧),重复上述的测量和记录,数据记入表 2.11。

5. 将 U_2 的数值调至+12 V,重复上述第 3 项的测量并记录,数据记入表 2.11。

6. 将 R_5(330 Ω)换成二极管 IN4007(即将开关 K_3 投向二极管 IN4007 侧),重复 1~5 的测量过程,数据记入表 2.12。

7. 任意按下某个故障设置按键,重复实验内容 4 的测量和记录,再根据测量结果判断出故障的性质。

表 2.12 非线性电路测量数据

实验内容	U_1 /V	U_2 /V	I_1 /mA	I_2 /mA	I_3 /mA	U_{AB} /V	U_{CD} /V	U_{AD} /V	U_{DE} /V	U_{FA} /V
U_1 单独作用										
U_2 单独作用										
U_1、U_2 共同作用										
$2U_2$ 单独作用										

五、实验注意事项

1. 用电流插头测量各支路电流时,或者用电压表测量电压时,应注意仪表的极性,正确判断测得值的+、-号后,记入数据表格。

2. 注意仪表量程的及时更换。

六、预习思考题

1. 在叠加原理实验中,要令 U_1、U_2 分别单独作用,应如何操作?可否直接将不作用的电源(U_1 或 U_2)短接置零?

2. 实验电路中,若有一个电阻器改为二极管,试问叠加原理的叠加性与齐次性还成立吗? 为什么?

七、实验报告

1. 根据实验数据表格,进行比较、分析,归纳、总结实验结论,即验证线性电路的叠加性与齐次性。

2. 各电阻器所消耗的功率能否用叠加原理计算得出? 试用上述实验数据,进行计算并总结结论。

3. 通过实验步骤 6 及分析表 2.12 的数据,你能得出什么样的结论?

4. 写出心得体会及其他注意事项。

2.4 电压源与电流源的等效变换

一、实验目的

1. 掌握电源外特性的测试方法。

2. 验证电压源与电流源等效变换的条件。

二、实验原理

1. 一个直流稳压电源在一定的电流范围内,具有很小的内阻。故在实际使用中,常将它视为一个理想的电压源,即其输出电压不随负载电流而变。其外特性曲线,即其伏安特性曲线$U=f(I)$是一条平行于 I 轴的直线。一个实际使用中的恒流源在一定的电压范围内,可视为一个理想的电流源。

2. 一个实际的电压源(或电流源),其端电压(或输出电流)不可能不随负载而变,因它具有一定的内阻值。故在实验中,用一个小阻值的电阻(或大电阻)与稳压源(或恒流源)相串联(或并联)来模拟一个实际的电压源(或电流源)。

3. 一个实际的电源,就其外特性而言,既可以看成是一个电压源,又可以看成是一个电流源。若视为电压源,则可用一个理想的电压源 U_s 与一个电阻 R_o 相串联的组合来表示;若视为电流源,则可用一个理想电流源 I_s 与一电导 g_o 相并联的组合来表示。如果这两种电源能向同样大小的负载提供同样大小的电流和端电压,则称这两个电源是等效的,即具有相同的外特性。

一个电压源与一个电流源等效变换的条件为:

$$I_s=U_s/R_o, g_o=1/R_o \quad 或 \quad U_s=I_sR_o, R_o=1/g_o$$

电压源与电流源等效原理图如图 2.6 所示。

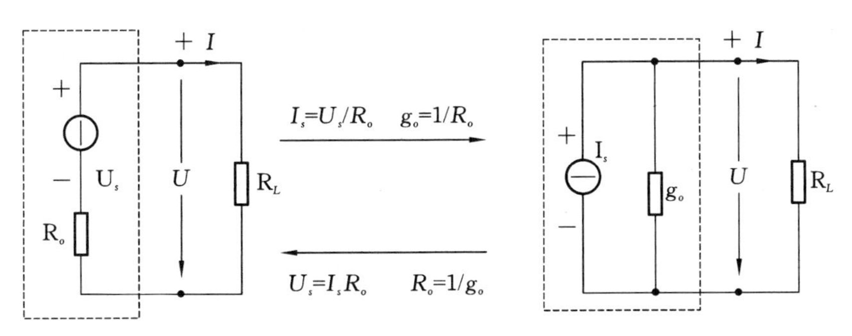

图 2.6 电压源与电流源等效原理图

三、实验设备(表 2.13)

表 2.13 实验设备

序号	名　　称	型号或规格	数量	备　注
1	可调直流稳压电源	0～30 V	1	
2	可调直流恒流源	0～200 mA	1	
3	直流数字电压表	0～200 V	1	
4	直流数字毫安表	0～500 mA	1	
5	电阻器	51 Ω,200 Ω	2	
6	可调电阻箱	0～99999.9 Ω	1	

四、实验内容与步骤

1. 测定直流稳压电源与实际电压源的外特性

(1) 按图 2.7 接线。U_s 为+6 V 直流稳压电源。调节 R_2,令其阻值由大至小变化,记录两表的读数于表 2.14 中。

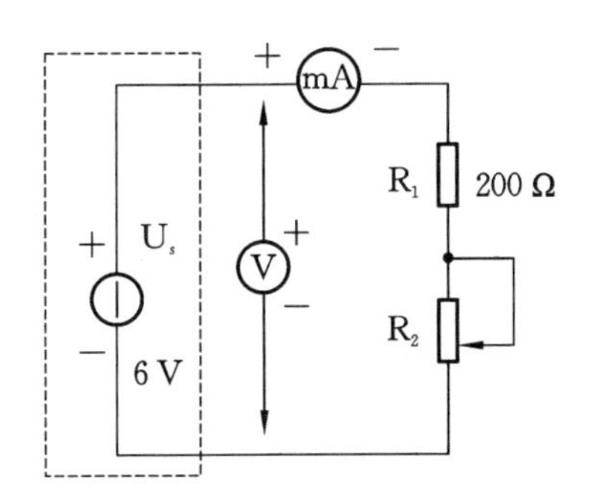

图 2.7 理想电压源电路图

表 2.14　理想电压源测量数据

R_2/Ω	400	350	300	250	200	150	100
U/V							
I/mA							

(2) 按图 2.8 接线，虚线框可模拟为一个实际的电压源。调节 R_2，令其阻值由大至小变化，记录两表的读数于表 2.15 中。

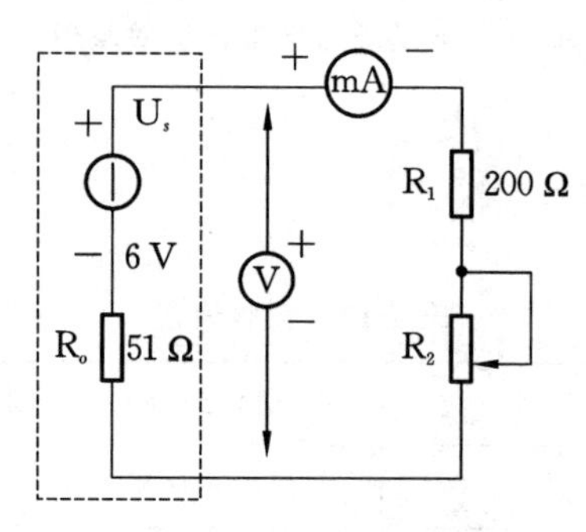

图 2.8　实际电压源电路图

表 2.15　实际电压源测量数据

R_2/Ω	400	350	300	250	200	150	100
U/V							
I/mA							

2. 测定电流源的外特性

按图 2.9 接线，I_s 为直流恒流源，调节其输出为 10 mA，令 R_0 分别为 1 kΩ 和∞(即接入和断开)，调节电位器 R_L(从 0 至 400 Ω)，测出这两种情况下的电压表和毫安表的读数。自拟数据表格，记录实验数据。

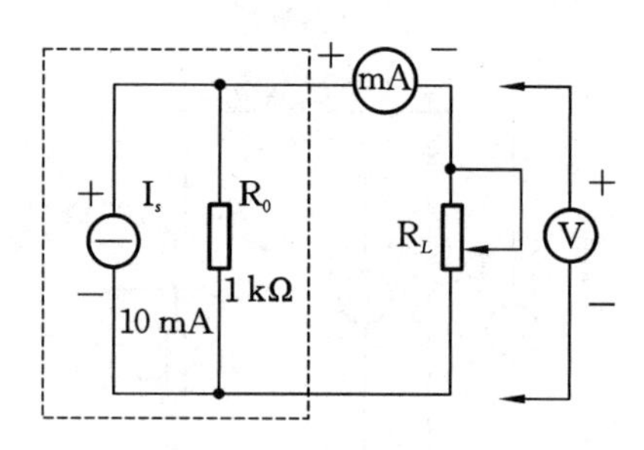

图 2.9　电流源外特性原理图

3. 测定电源等效变换的条件

先按图 2.10(a)线路接线，记录线路中两表的读数。然后利用图 2.10(a)中右侧的元件和仪表，按图 2.10(b)接线。调节恒流源的输出电流 I_s，使两表的读数与 2.10(a)时的数值相等，记录 I_s 值，验证等效变换条件的正确性。数据记录在表 2.16 中。

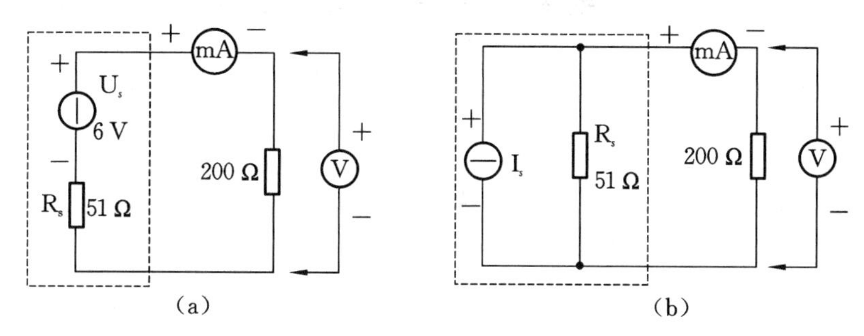

图 2.10 电压源与电流源等效变换电路图

表 2.16 电压源与电流源等效变换测量数据

R/Ω	200
U/V	
I/mA	
I_s/mA	

五、实验注意事项

1. 在测电压源外特性时，不要忘记测空载时的电压值；在测电流源外特性时，不要忘记测短路时的电流值。

2. 换接线路时，必须关闭电源开关。

3. 直流仪表的接入应注意极性与量程。

六、预习思考题

电压源与电流源的外特性曲线为什么呈下降变化趋势，稳压源和恒流源的输出在任何负载下是否保持恒值？

七、实验报告

1. 根据实验数据绘出电源的四条外特性曲线，并总结、归纳各类电源的特性。

2. 从实验结果，验证电源等效变换的条件。

3. 写出心得体会及其他注意事项。

2.5 戴维南定理和诺顿定理的验证

一、实验目的

1. 验证戴维南定理和诺顿定理的正确性，加深对该定理的理解。

2. 掌握测量有源二端网络等效参数的一般方法。

二、实验原理

1. 任何一个线性含源网络，如果仅研究其中一条支路的电压和电流，则可将电路的其余部分看作是一个有源二端网络(或称为含源一端口网络)。

戴维南定理指出：任何一个线性有源网络，都可以用一个电压源与一个电阻的串联来等效代替，此电压源的电动势 U_s 等于这个有源二端网络的开路电压 U_{oc}，其等效内阻 R_o 等于该网络中所有独立源均置零(理想电压源视为短接，理想电流源视为开路)时的等效电阻。

诺顿定理指出：任何一个线性有源网络，都可以用一个电流源与一个电阻的并联组合来等效代替，此电流源的电流 I_s 等于这个有源二端网络的短路电流 I_{sc}，其等效内阻 R_o 定义同戴维南定理。

$U_{oc}(U_s)$ 和 R_o 或者 $I_{sc}(I_s)$ 和 R_o 称为有源二端网络的等效参数。

2. 有源二端网络等效参数的测量方法

(1) 开路电压、短路电流法测 R_o

在有源二端网络输出端开路时，用电压表直接测其输出端的开路电压 U_{oc}，然后再将其输出端短路，用电流表测其短路电流 I_{sc}，则等效内阻为

$$R_o=\frac{U_{oc}}{I_{sc}}$$

如果二端网络的内阻很小，若将其输出端口短路则易损坏其内部元件，因此不宜用此法。

(2) 伏安法测 R_o

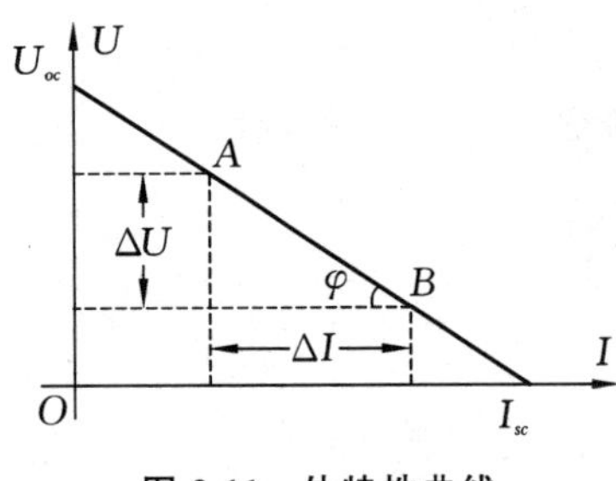

图 2.11 外特性曲线

用电压表、电流表测出有源二端网络的外特性曲线，如图 2.11 所示。根据外特性曲线求出斜率 $\tan\varphi$，则内阻

$$R_o=\tan\varphi=\frac{\Delta U}{\Delta I}=\frac{U_{oc}}{I_{sc}}$$

也可以先测量开路电压 U_{oc}，再测量电流为额定值 I_N 时的输出端电压值 U_N，则内阻为

$$R_o=\frac{U_{oc}-U_N}{I_N}$$

(3) 半电压法测 R_o

如图 2.12 所示，当负载电压为被测网络开路电压的一半时，负载电阻(由电阻箱的读数确定)即为被测有源二端网络的等效内阻值。

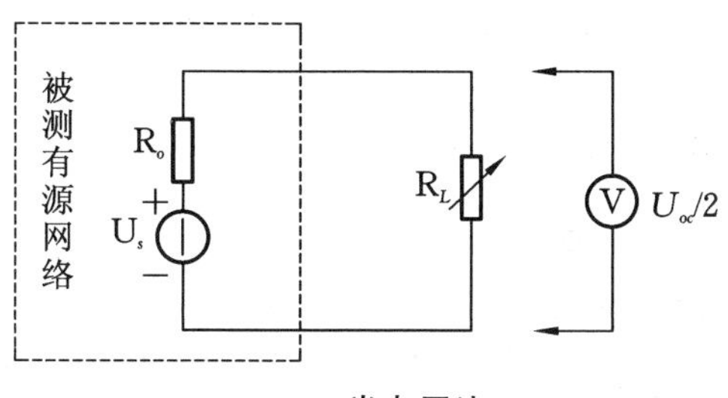

2.12 半电压法

(4) 零示法测 U_{oc}

在测量具有高内阻有源二端网络的开路电压时，用电压表直接测量会造成较大的误差。为了消除电压表内阻的影响，往往采用零示测量法，如图 2.13 所示。

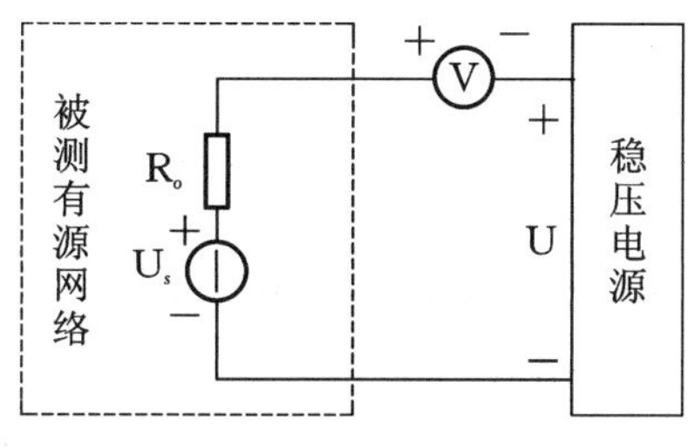

图 2.13 零示法

零示法测量原理是用一低内阻的稳压电源与被测有源二端网络进行比较，当稳压电源的输出电压与有源二端网络的开路电压相等时，电压表的读数将为"0"。然后将电路断开，测量此时稳压电源的输出电压，即为被测有源二端网络的开路电压。

三、实验设备(表 2.17)

表 2.17 实验设备

序号	名　称	型号或规格	数量	备注
1	可调直流稳压电源	0～30 V	1	
2	可调直流恒流源	0～200 mA	1	
3	直流数字电压表	0～200 V	1	
4	直流数字毫安表	0～200 mA	1	

续表2.17

序号	名　称	型号或规格	数量	备注
5	万用表	—	1	
6	可调电阻箱	0～99999.9 Ω	1	
7	戴维南定理实验电路板	—	1	

四、实验内容与步骤

被测有源二端网络如图 2.14 所示。

1.用开路电压、短路电流法测定戴维南等效电路的 U_{oc}、R_o 和诺顿等效电路的 I_{sc}、R_o。按图 2.14(a)接入稳压电源 $U_s=12$ V 和恒流源 $I_s=10$ mA,不接入 R_L。测出 U_{oc} 和 I_{sc} 记入表 2.18,并计算出 R_o。(测 U_{oc} 时,不接入毫安表)

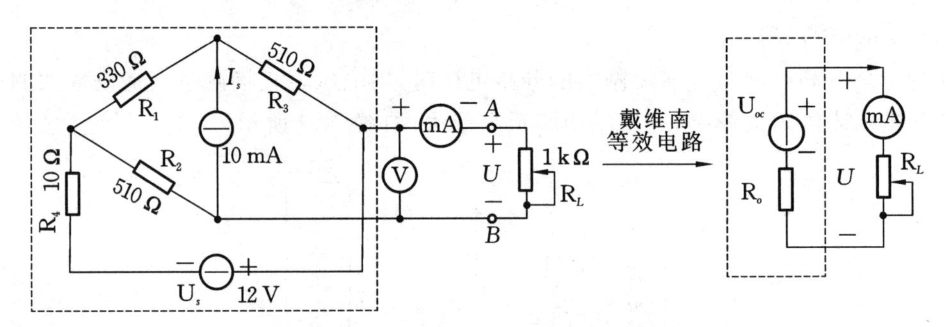

图 2.14　戴维南定理实验接线图

表 2.18　开路电压、短路电流法测量数据

U_{oc}/V	I_{sc}/mA	$R_o=U_{oc}/I_{sc}$(Ω)

2. 负载实验,按图 2.14(a)接入 R_L。改变 R_L 阻值,测量有源二端网络的外特性曲线,将参数值记入表 2.19 中。

表 2.19　原图测量数据

R_L/Ω	1000	900	800	700	600	500	400	300	200
U/V									
I/mA									

3. 验证戴维南定理:将电阻箱的电阻值调至 R_o(按步骤 1 所得的等效电阻 R_o),将电阻箱与直流稳压电源(电压值调至步骤 1 所测得的开路电压 U_{oc})相串联,如图 2.14(b)所示,仿照步骤 2 测其外特性,对戴维南定理进行验证, 数据计入表 2.20 中。

表 2.20 等效图测量数据

R_L/Ω	1000	900	800	700	600	500	400	300	200
U/V									
I/mA									

4. 验证诺顿定理:将电阻箱的电阻值调至 R_o(按步骤 1 所得的等效电阻 R_o),将电阻箱与直流恒流源(电流值调到步骤 1 所测得的短路电流 I_{sc})相并联,如图 2.15 所示,仿照步骤 2 测其外特性,对诺顿定理进行验证。

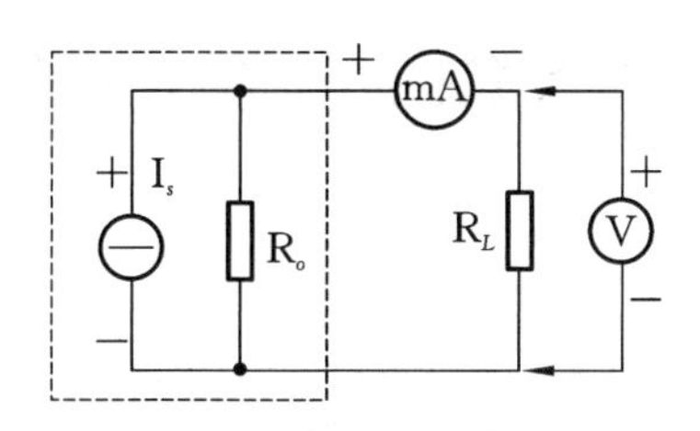

图 2.15 诺顿定理等效电路

5. 有源二端网络等效电阻(又称入端电阻)的直接测量法。见图 2.14(a),将被测有源网络内的所有独立源置零(去掉电流源 I_s 和电压源 U_s,并在原电压源所接的两点用一根导线相连),然后用伏安法或者直接用万用表的欧姆挡去测定负载 R_L 开路时 A、B 两点间的电阻,此即为被测网络的等效内阻 R_o,或称网络的入端电阻 R_i。

6. 用半电压法和零示法测量被测网络的等效内阻 R_o 及其开路电压 U_{oc}。线路及数据表格自拟。

五、实验注意事项

1. 测量时应注意毫安表量程的更换。

2. 步骤 5 中,电压源置零时不可将稳压源短接。

3. 用万用表直接测 R_o 时,网络内的独立源必须先置零,以免损坏万用表。其次,欧姆挡必须经调零后再进行测量。

4. 用零示法测量 U_{oc} 时,应先将稳压电源的输出调至接近于 U_{oc},再按图 2.13 测量。

5. 改接线路时,要关掉电源。

六、预习思考题

1. 在求戴维南或诺顿等效电路时,做短路试验,测 I_{sc} 的条件是什么?在本实验中可否直接做负载短路实验?请实验前对图 2.14(a)预先做好计算,以便调整实验线路及测量时可准确地选取电表的量程。

2. 说明测有源二端网络开路电压及等效内阻的几种方法,并比较其优缺点。

七、实验报告

1. 根据步骤 2、3、4，分别绘出曲线，验证戴维南定理和诺顿定理的正确性，并分析产生误差的原因。

2. 根据步骤 1、5、6 的几种方法测得的 U_{oc} 与 R_0 与预习时电路计算的结果作比较，你能得出什么结论。

3. 归纳、总结实验结果。

4. 写出心得体会及其他注意事项。

2.6 受控源 VCVS、VCCS、CCVS、CCCS 的实验研究

一、实验目的

通过测试受控源的外特性及其转移参数，进一步理解受控源的物理概念，加深对受控源的认识和理解。

二、实验原理

1. 电源有独立电源（或称独立源，如电池、发电机等）与非独立电源（或称为受控源）之分。

受控源与独立源的不同点是：独立源的电动势 E_s 或电激流 I_s 是某一固定的数值或是时间的某一函数，它不随电路其余部分的状态而变。而受控源的电动势或电激流则是随电路中另一支路的电压或电流而变的一种电源。

受控源又与无源元件不同，无源元件两端的电压和它自身的电流有一定的函数关系，而受控源的输出电压或电流则与另一支路（或元件）的电流或电压有某种函数关系。

2. 独立源与无源元件是二端器件，受控源则是四端器件，或称为双口元件。它有一对输入端（U_1、I_1）和一对输出端（U_2、I_2）。输入端可以控制输出端电压或电流的大小。施加于输入端的控制量可以是电压或电流，因而有两种受控电压源（即电压控制电压源 VCVS 和电流控制电压源 CCVS）和两种受控电流源（即电压控制电流源 VCCS 和电流控制电流源 CCCS）。它们的示意图见图 2.16。

3. 当受控源的输出电压（或电流）与控制支路的电压（或电流）成正比变化时，则称该受控源是线性的。

理想受控源的控制支路中只有一个独立变量（电压或电流），另一个独立变量等于零，即从输入口看，理想受控源或者是短路（即输入电阻 $R_1=0$，因而 $U_1=0$）或者是开路（即输入电导 $g_1=0$，因而输入电流 $I_1=0$）；从输出口看，理想受控源是一个理想电压源或者是一个理想电流源。

4. 受控源的控制端与受控端的关系式称为转移函数。

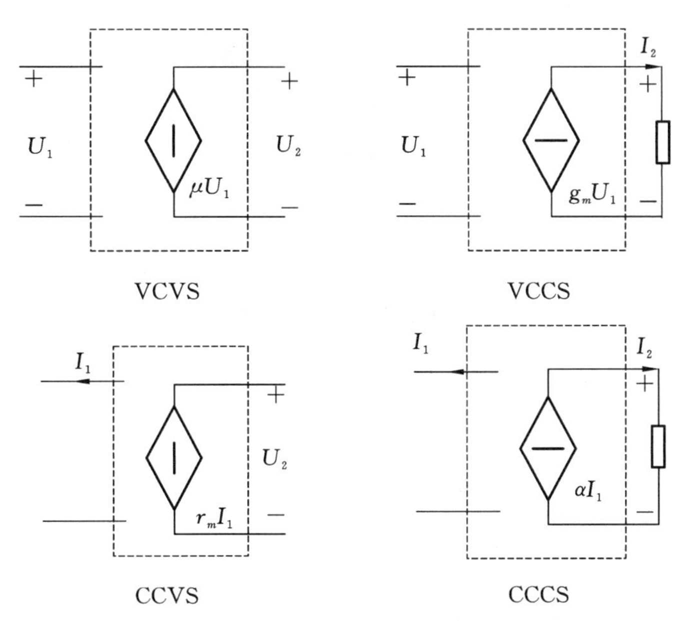

图 2.16 四种受控源示意图

四种受控源的转移函数参量的定义如下：

(1) 电压控电压源(VCVS)：$U_2=f(U_1)$，$\mu=U_2/U_1$ 称为转移电压比(或电压增益)。

(2) 电压控电流源(VCCS)：$I_2=f(U_1)$，$g_m=I_2/U_1$ 称为转移电导。

(3) 电流控电压源(CCVS)：$U_2=f(I_1)$，$r_m=U_2/I_1$ 称为转移电阻。

(4) 电流控电流源(CCCS)：$I_2=f(I_1)$，$\alpha=I_2/I_1$ 称为转移电流比(或电流增益)。

三、实验设备(表 2.21)

表 2.21 实验设备

序号	名 称	型号或规格	数量	备注
1	可调直流稳压源	0～30 V	1	
2	可调直流恒流源	0～200 mA	1	
3	直流数字电压表	0～200 V	1	
4	直流数字毫安表	0～200 mA	1	
5	可变电阻箱	0～99999.9 Ω	1	
6	受控源实验电路板	—	1	

四、实验内容与步骤

1. 测量受控源 VCVS 的转移特性 $U_2=f(U_1)$ 及负载特性 $U_2=f(I_L)$，实验线路如图 2.17。

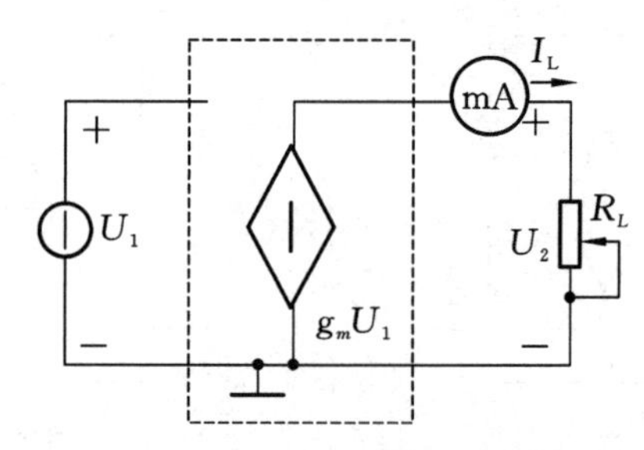

图 2.17 VCVS 实验电路图

(1) 不接电流表，固定 $R_L=2\ \text{k}\Omega$，调节稳压电源输出电压 U_1，测量 U_1 及相应的 U_2 值，记入表 2.22。

表 2.22 VCVS 转移特性测量数据

U_1/V	0	1	2	3	5	7	8	9	μ
U_2/V									

在方格纸上绘出电压转移特性曲线 $U_2=f(U_1)$，并在其线性部分求出转移电压比 μ。

(2) 接入电流表，保持 $U_1=2$ V，调节 R_L 可变电阻箱的阻值，测 U_2 及 I_L 记入表 2.23 中，绘制负载特性曲线 $U_2=f(I_L)$。

表 2.23 VCVS 负载特性测量数据

R_L/Ω	50	70	100	200	300	400	500
U_2/V							
I_L/mA							

2. 测量受控源 VCCS 的转移特性 $I_L=f(U_1)$ 及负载特性 $I_L=f(U_2)$，实验线路如图 2.18。

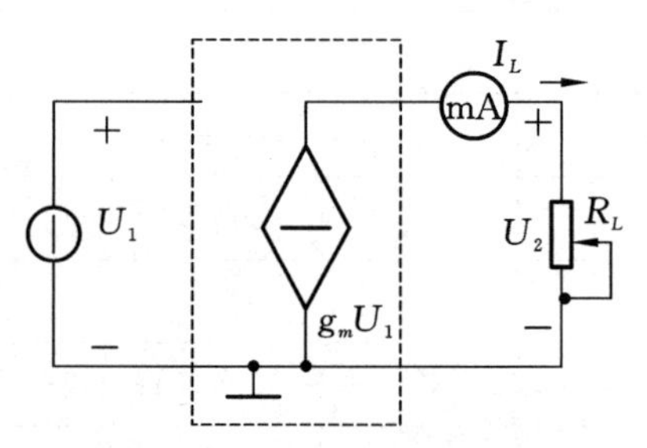

图 2.18 VCCS 实验电路图

(1) 固定 $R_L=2\ \text{k}\Omega$，调节稳压电源的输出电压 U_1，测出相应的 I_L 值，记入表 2.24 中，绘制 $I_L=f(U_1)$ 曲线，并由其线性部分求出转移电导 g_m。

表 2.24 VCCS 转移特性测量数据

U_1/V	0.1	0.5	1.0	2.0	3.0	3.5	3.7	4.0	g_m
I_L/mA									

(2) 保持$U_1=2$ V,令R_L从大到小变化,测出相应的I_L及U_2,记入表 2.25 中,绘制$I_L=f(U_2)$曲线。

表 2.25 VCCS 负载特性测量数据

R_L/kΩ	5	4	2	1	0.5	0.4	0.3	0.2	0.1	0
I_L/mA										
U_2/V										

3. 测量受控源 CCVS 的转移特性$U_2=f(I_1)$与负载特性$U_2=f(I_L)$,实验线路如图 2.19 所示。

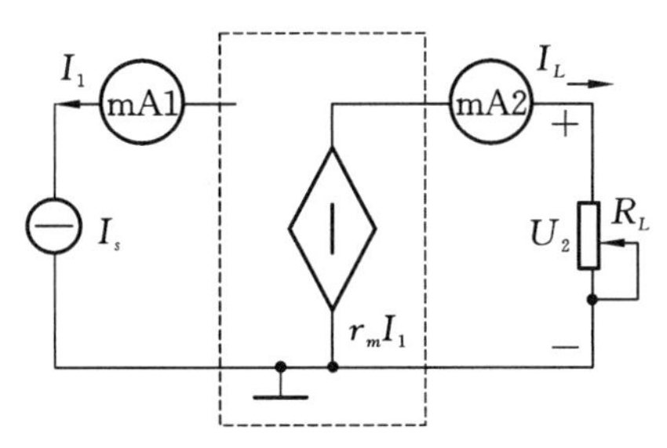

图 2.19 CCVS 实验电路图

(1) 固定$R_L=2$ kΩ,调节恒流源的输出电流I_s,按表 2.26 所列I_1值,测出U_2记入表 2.26 中,绘制$U_2=f(I_1)$曲线,并由其线性部分求出转移电阻r_m。

表 2.26 CCVS 转移特性测量数据

I_1/mA	0.1	1.0	3.0	5.0	7.0	8.0	9.0	9.5	r_m
U_2/V									

(2) 保持$I_s=2$ mA,按表 2.27 所列R_L值,测出U_2及I_L记入表 2.27 中,绘制负载特性曲线$U_2=f(I_L)$。

表 2.27 CCVS 负载特性测量数据

R_L/kΩ	0.5	1	2	4	6	8	10
U_2/V							
I_L/mA							

4. 测量受控源 CCCS 的转移特性 $I_L = f(I_1)$ 及负载特性 $I_L = f(U_2)$，实验线路如图 2.20 所示。

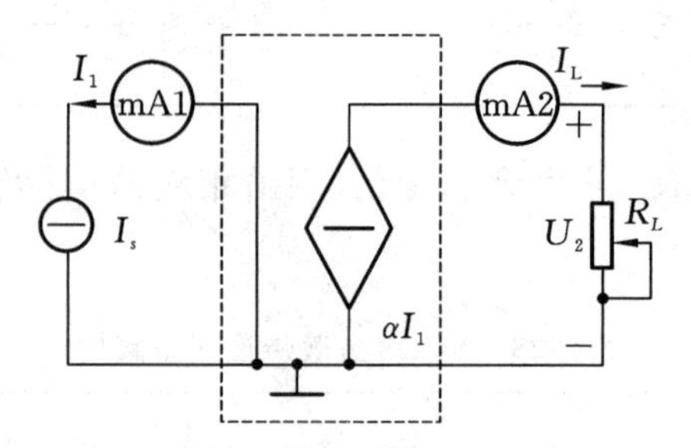

图 2.20 CCCS 实验电路图

(1) 参照步骤 3 测出 I_L 记入表 2.28 中，绘制 $I_L = f(I_1)$ 曲线，并由其线性部分求出转移电流比 α。

表 2.28 CCCS 转移特性测量数据

I_1/mA	0.1	0.2	0.5	1	1.5	2	2.2	α
I_L/mA								

(2) 保持 $I_s = 1$ mA，按表 2.29 所列 R_L 值，测出 I_L 和 U_2 记入表 2.29 中，绘制 $I_L = f(U_2)$ 曲线。

表 2.29 CCCS 负载特性测量数据

R_L/kΩ	0	0.2	0.4	0.6	0.8	1	2	5	10	20
I_L/mA										
U_2/V										

五、实验注意事项

1. 每次组装线路，必须事先断开供电电源，但不必关闭电源总开关。

2. 如果只有 VCCS 和 CCVS 两种线路，要做 VCVS 或 CCCS 实验，须利用 VCCS 和 CCVS 两线路进行适当连接。

六、预习思考题

1. 受控源和独立源相比有何异同点？试比较四种受控源的代号、电路模型、控制量与被控量的关系。

2. 四种受控源中的 r_m、g_m、α 和 μ 的意义是什么？如何测得？

3. 若受控源控制量的极性反向，试问其输出极性是否发生变化？

4. 受控源的控制特性是否适合于交流信号？

5. 如何由两个基本的 CCVS 和 VCCS 获得其他两个 CCCS 和 VCVS，它们的输入输出如何连接?

七、实验报告

1. 根据实验数据,在方格纸上分别绘出四种受控源的转移特性和负载特性曲线,并求出相应的转移参量。

2. 对预习思考题作必要的回答。

3. 对实验的结果作出合理的分析和结论,总结对四种受控源的认识和理解。

4. 写出心得体会及其他注意事项。

2.7 典型电信号的观察与测量

一、实验目的

1. 熟悉低频信号发生器和脉冲信号发生器各旋钮、开关的作用及其使用方法。

2. 初步掌握用示波器观察电信号波形,定量测出正弦信号和脉冲信号的波形参数。

3. 初步掌握示波器、信号发生器的使用。

二、实验原理

1. 正弦交流信号和方波脉冲信号是常用的电激励信号,可分别由低频信号发生器和脉冲信号发生器提供。正弦信号的波形参数是幅值 U_m、周期 T(或频率 f)和初相;脉冲信号的波形参数是幅值 U_m、周期 T 及脉宽 t_k。本实验装置能提供频率范围为 20 Hz~50 kHz 的正弦波及方波,并有 6 位 LED 数码管显示信号的频率。正弦波的幅度值在 0~5 V 之间连续可调,方波的幅度为 1~3.8 V 可调。

2. 电子示波器是一种信号图形观测仪器,可测出电信号的波形参数。从荧光屏的 Y 轴刻度尺并结合其量程分挡选择开关(Y 轴输入电压灵敏度“V/div”分挡选择开关)读得电信号的幅值;从荧光屏的 X 轴刻度尺并结合其量程分挡(时间扫描速度“t/div”分挡)选择开关,读得电信号的周期、脉宽、相位差等参数。

一台双踪示波器可以同时观察和测量两个信号的波形和参数。

三、实验设备(表 2.30)

表 2.30 实验设备

序号	名　称	型号或规格	数量	备注
1	双踪示波器	—	1	
2	函数信号发生器	—	1	
3	交流毫伏表	0~600 V	1	

四、实验内容与步骤

1. 双踪示波器的自检

将示波器面板部分的“标准信号”插口，通过示波器专用同轴电缆接至双踪示波器的 Y 轴输入插口 Y_A 或 Y_B 端，然后开启示波器电源，指示灯亮。稍后，调节示波器面板上的“辉度”“聚焦”“辅助聚焦”“X 轴位移”、“Y 轴位移”等旋钮，使荧光屏的中心部分显示出线条细而清晰、亮度适中的方波波形；通过选择幅度和扫描速度，并将微调旋钮旋至“校准”位置，从荧光屏上读出该“标准信号”的幅值与频率，并与标称值(1 V,1 kHz)做比较，如相差较大，请指导教师给予校准。

2. 正弦波信号的观测

(1) 将示波器的幅度和扫描速度微调旋钮旋至“校准”位置。

(2) 通过电缆线，将信号发生器的正弦波输出口与示波器的 Y_A 插座相连。

(3) 接通信号发生器的电源，选择正弦波输出。通过相应调节，使输出频率分别为 50 Hz、1.5 kHz 和 20 kHz(由频率计读出)；再使输出幅值有效值分别为 0.1 V、1 V、3 V(由交流毫伏表读得)。调节示波器 Y 轴和 X 轴的偏转灵敏度至合适的位置，从荧光屏上读得幅值及周期，记入表 2.31 中。

表 2.31　示波器测量数据

所测项目	正弦波信号频率的测定		
	50 Hz	1500 Hz	20000 Hz
示波器“t/div”旋钮位置			
一个周期占有的格数			
信号周期/ms			
计算所得频率/Hz			
所测项目	正弦波信号电压幅值的测定		
	0.1 V	1 V	3 V
示波器“V/div”位置			
峰-峰值波形格数			
峰-峰值			
计算所得有效值			

3. 方波脉冲信号的观察和测定

(1) 将电缆插头换接在脉冲信号的输出插口上，选择方波信号输出。

(2) 调节方波的输出幅度为 $3.0V_{P\text{-}P}$(用示波器测定)，分别观测 100 Hz、3 kHz 和 30

kHz 方波信号的波形参数。

(3) 使信号频率保持在 3 kHz,选择不同的幅度及脉宽,观测波形参数的变化。

五、实验注意事项

1. 示波器的辉度不要过高。

2. 调节仪器旋钮时,动作不要过快、过猛。

3. 调节示波器时,要注意触发开关和电平调节旋钮的配合使用,以使显示的波形稳定。

4. 做定量测定时,"t/div" 和"V/div"的微调旋钮应旋至"校准"位置。

5. 为防止外界干扰,信号发生器的接地端与示波器的接地端要相连(称共地)。

6. 不同品牌的示波器,各旋钮、功能的标注不尽相同,实验前请详细阅读所用示波器的说明书。

7. 实验前应认真阅读信号发生器的使用说明书。

六、预习思考题

1. 示波器面板上"t/div"和"V/div"的含义是什么?

2. 观察本机"标准信号"时,要在荧光屏上得到两个周期的稳定波形,而幅度要求为五格,试问 Y 轴电压灵敏度应置于哪一挡位置?"t/div"又应置于哪一挡位置?

3. 应用双踪示波器观察到如图 2.21 所示的两个波形,Y_A 和 Y_B 轴的"V/div"的指示均为 0.5 V,"t/div" 指示为 20 μs,试写出这两个波形信号的波形参数。

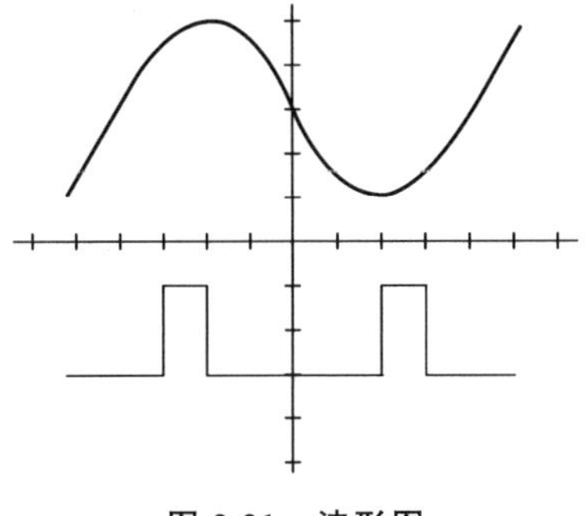

图 2.21 波形图

七、实验报告

1. 写出影响示波器数值的因素有哪些。

2. 总结实验中所用仪器的使用方法及观测电信号的方法。

3. 写出心得体会及其他注意事项。

2.8 RC 一阶电路的响应测试

一、实验目的

1. 测定 RC 一阶电路的零输入响应、零状态响应及完全响应。

2. 学习电路时间常数的测量方法。

3. 掌握有关微分电路和积分电路的概念。

4. 进一步学习用示波器观测波形。

二、实验原理

1.动态网络的过渡过程是十分短暂的单次变化过程。要用普通示波器观察过渡过程和测量有关的参数，就必须使这种单次变化的过程重复出现。为此，我们利用信号发生器输出的方波来模拟阶跃激励信号，即利用方波输出的上升沿作为零状态响应的正阶跃激励信号；利用方波的下降沿作为零输入响应的负阶跃激励信号。只要选择方波的重复周期远大于电路的时间常数 τ，那么电路在这样的方波序列脉冲信号的激励下，它的响应就和直流电接通与断开的过渡过程是基本相同的。

2. 图 2.22(b)所示的 RC 一阶电路的零输入响应和零状态响应分别按指数规律衰减和增长，其变化的快慢取决于电路的时间常数 τ。

3. 时间常数 τ 的测定方法

用示波器测量零输入响应的波形如图 2.22(a)所示。

根据一阶微分方程的求解得知 $u_C=U_{me}-t/RC=U_{me}-t/\tau$。当 $t=\tau$ 时，$U_C(\tau)=0.368U_m$。此时所对应的时间就等于 τ。亦可用零状态响应波形增加到 $0.632U_m$ 所对应的时间测得 τ，如图 2.22(c)所示。

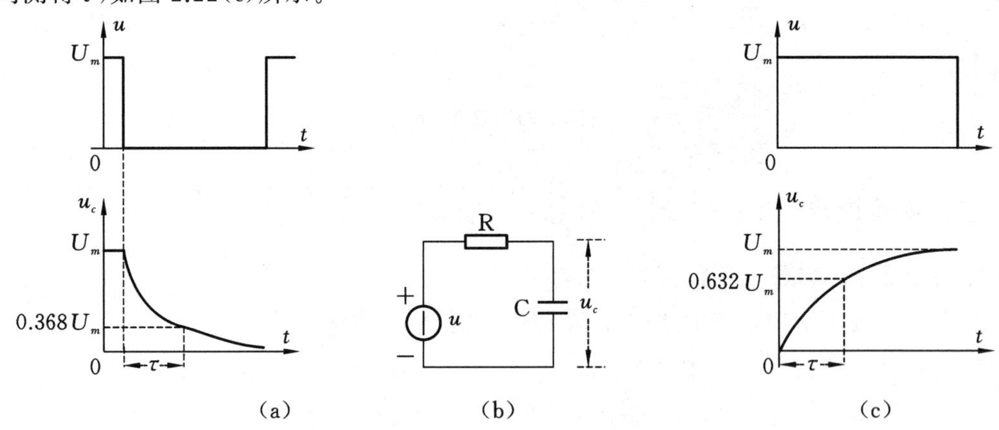

图 2.22 RC 一阶电路原理图

(a)零输入响应；(b)RC 一阶电路；(c)零状态响应

4. 微分电路和积分电路是 RC 一阶电路中较典型的电路，它对电路元件参数和输入信号的周期有着特定的要求。一个简单的 RC 串联电路，在方波序列脉冲的重复激励下，当满足 $\tau=RC\ll\frac{T}{2}$ 时（T 为方波脉冲的重复周期），且由 R 两端的电压作为响应输出，则该电路就是一个微分电路。因为此时电路的输出信号电压与输入信号电压的微分成正比，如图 2.23(a)所示。利用微分电路可以将方波转变成尖脉冲。

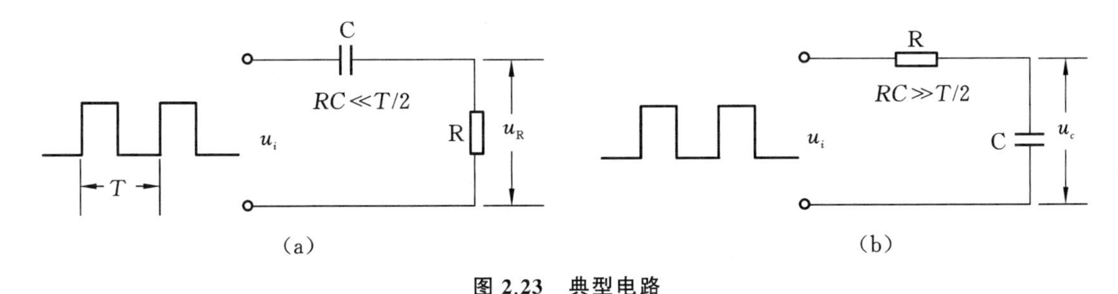

图 2.23　典型电路

(a)微分电路；(b)积分电路

若将图 2.23(a)中的 R 与 C 位置调换一下，如图 2.23(b)所示，由 C 两端的电压作为响应输出，且当电路的参数满足 $\tau=RC\gg\frac{T}{2}$，则该 RC 电路称为积分电路。因为此时电路的输出信号电压与输入信号电压的积分成正比。利用积分电路可以将方波转变成三角波。

从输入输出波形来看，上述两个电路均起着波形变换的作用，请在实验过程仔细观察与记录。

三、实验设备(表 2.32)

表 2.32　实验设备

序号	名　称	型号或规格	数量	备注
1	函数信号发生器	—	1	
2	双踪示波器	—	1	
3	RC 动态电路实验板	—	1	

四、实验内容与步骤

实验线路板的器件组件，如图 2.24 所示，请认清 R、C 元件的布局及其标称值，各开关的通断位置等。

1. 从电路板上选 $R=10\ \text{k}\Omega$，$C=6800\ \text{pF}$ 组成如图 2.22(b)所示的 RC 充放电电路。U_i 为信号发生器输出的 $U_{\text{P-P}}=3\ \text{V}$、$f=1\ \text{kHz}$ 的方波电压信号，并通过两根同轴电缆线，将激励源 U_i 和响应 U_c 的信号分别连至示波器的两个输入口 Y_A 和 Y_B。这时可在示波器的屏

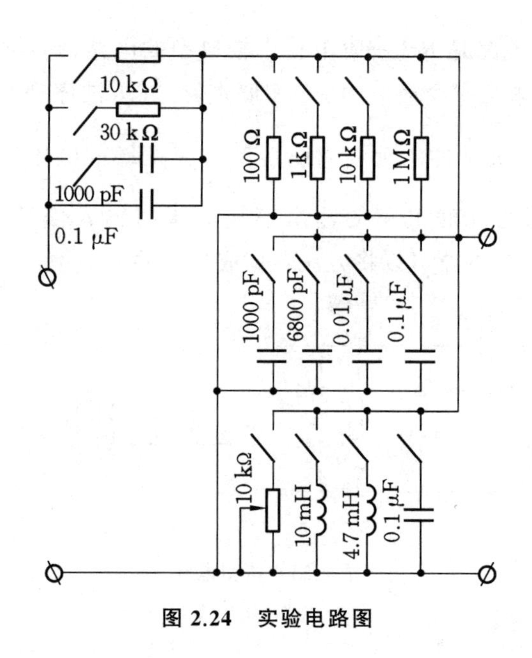

图 2.24　实验电路图

幕上观察到激励与响应的变化规律，请测算出时间常数 τ，并用方格纸按 1∶1 的比例描绘波形。

少量地改变电容值或电阻值，定性地观察对响应的影响，记录观察到的现象。

2. 令 $R=10\ \text{k}\Omega$，$C=0.1\ \mu\text{F}$，观察并描绘响应的波形，继续增大 C 值，定性地观察对响应的影响。

3. 令 $C=0.01\ \mu\text{F}$，$R=100\ \Omega$，组成如图 2.23(a)所示的微分电路。在同样的方波激励信号($U_{\text{P-P}}=3\ \text{V}$，$f=1\ \text{kHz}$)作用下，观测并描绘激励与响应的波形。增减 R 值，定性地观察对响应的影响，并作记录。当 R 增至 1 MΩ 时，输入输出波形有何本质上的区别？

五、实验注意事项

1. 调节电子仪器各旋钮时，动作不要过快、过猛。实验前，需熟读双踪示波器的使用说明书。观察双踪示波器波形时，要特别注意相应开关、旋钮动态电路、选频电路实验板的操作与调节。

2. 信号源的接地端与示波器的接地端要连在一起(称共地)，以防外界干扰而影响测量的准确性。

3. 示波器的辉度不应过高，尤其是光点长期停留在荧光屏上不动时，应将辉度调低，以延长示波管的使用寿命。

六、预习思考题

1. 什么样的电信号可作为 RC 一阶电路零输入响应、零状态响应和完全响应的激励源？

2. 已知 RC 一阶电路 $R=10\ \text{k}\Omega$，$C=0.1\ \mu\text{F}$，试计算时间常数 τ，并根据 τ 值的物理意义，拟定测量 τ 的方案。

3. 何谓积分电路和微分电路，它们必须具备什么条件？它们在方波序列脉冲的激励下，其输出信号波形的变化规律如何？这两种电路有何功用？

4. 预习要求：熟读仪器使用说明，回答上述问题，准备方格纸。

七、实验报告

1. 根据实验观测结果，在方格纸上绘出 RC 一阶电路充放电时 U_c 的变化曲线，由曲线测得 τ 值，并与参数值的计算结果作比较，分析误差原因。

2. 根据实验观测结果，归纳、总结积分电路和微分电路的形成条件，阐明波形变换的特征。

3. 写出心得体会及其他注意事项。

2.9 二阶动态电路响应的研究

一、实验目的

1. 测试二阶动态电路的零状态响应和零输入响应，了解电路元件参数对响应的影响。

2. 观察、分析二阶电路响应的三种状态轨迹及其特点，以加深对二阶电路响应的认识与理解。

二、实验原理

一个二阶电路在方波正、负阶跃信号的激励下，可获得零状态与零输入响应，其响应的变化轨迹取决于电路的固有频率。当调节电路的元件参数值，使电路的固有频率分别为负实数、共轭复数及虚数时，可获得单调地衰减、衰减振荡和等幅振荡的响应。在实验中可获得过阻尼、欠阻尼和临界阻尼这三种响应图形。

简单而典型的二阶电路是一个 RLC 串联电路和 GCL 并联电路，这二者之间存在着对偶关系。本实验仅对 GCL 并联电路进行研究。

三、实验设备(表 2.33)

表 2.33 实验设备

序号	名　称	型号或规格	数量	备注
1	函数信号发生器	—	1	
2	双踪示波器	—	1	
3	动态实验电路板	—	1	DGJ-03

四、实验内容与步骤

利用动态电路板中的元件与开关的配合作用，组成如图 2.25 所示的 GCL 并联电路。

令 $R_1=10\ \text{k}\Omega$，$L=4.7\ \text{mH}$，$C=1000\ \text{pF}$，R_2 为 10 kΩ 可调电阻。令函数信号发生器的输出为 $U_{\text{P-P}}=1.5\ \text{V}$，$f=1\ \text{kHz}$ 的方波脉冲，通过同轴电缆接至图 2.25 中的激励端，同时用同轴电缆将激励端和响应输出接至双踪示波器的 Y_A 和 Y_B 两个输入口。

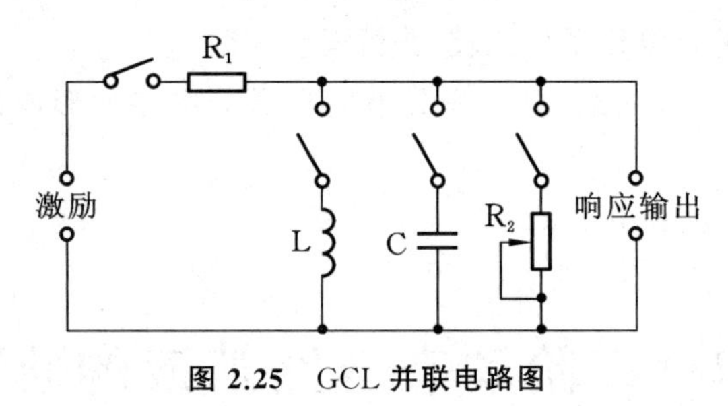

图 2.25 GCL 并联电路图

1. 调节可变电阻器 R_2 值，观察二阶电路的零输入响应和零状态响应由过阻尼过渡到临界阻尼，最后过渡到欠阻尼的变化过渡过程，分别定性地描绘、记录响应的典型变化波形。

2. 调节 R_2 使示波器荧光屏上呈现稳定的欠阻尼响应波形，定量计算此时电路的衰减常数 α 和振荡频率 ω_d。

3. 改变一组电路参数，如增、减 L 或 C，重复步骤 2 的测量，并作记录。随后仔细观察，改变电路参数时，ω_d 与 α 的变化趋势，并记录在表 2.34 中。

表 2.34 GCL 电路测量数据

实验次数	元件参数				计算值	
	R_1	R_2	L	C	α	ω_d
1	10 kΩ	调至某一次欠阻尼状态	4.7 mH	1000 pF		
2	10 kΩ		4.7 mH	0.01 μF		
3	30 kΩ		4.7 mH	0.01 μF		
4	10 kΩ		10 mH	0.01 μF		

五、实验注意事项

1. 调节 R_2 时，要细心、缓慢，临界阻尼要找准。

2. 观察双踪示波器波形时，显示要稳定，如不同步，则可采用外同步法触发（看示波器说明）。

六、预习思考题

1. 根据二阶电路实验电路元件的参数，计算出处于临界阻尼状态的 R_2 之值。

2. 在示波器荧光屏上，如何测得二阶电路零输入响应欠阻尼状态的衰减常数 α 和振荡频率 ω_d？

七、实验报告

1. 根据观测结果，在方格纸上描绘二阶电路过阻尼、临界阻尼和欠阻尼的响应波形。
2. 测算欠阻尼振荡曲线上的 α 与 ω_d。
3. 归纳、总结电路元件参数的改变对响应变化趋势的影响。
4. 写出心得体会及其他注意事项。

附录：欠阻尼状态下 α 与 ω_d 的测算。用示波器观察欠阻尼状态时响应端 U_0 输出的波形，应如图 2.26 所示，则：

$$\omega_d = 2\pi / T'$$

$$\alpha = \frac{1}{T'} \ln \frac{U_2}{U_1}$$

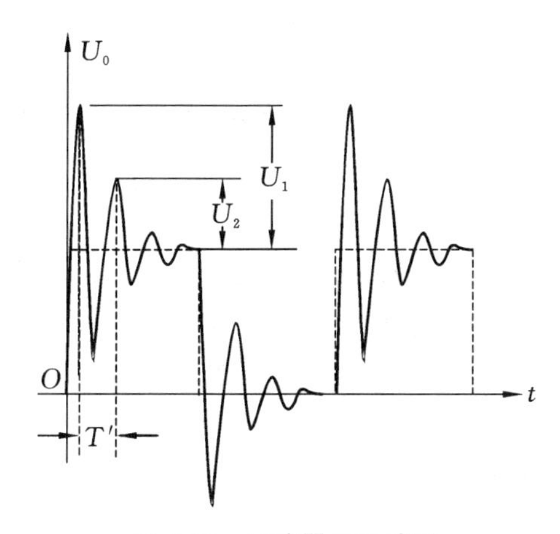

图 2.26 示波器显示波形

2.10 R、L、C 元件阻抗特性的测定

一、实验目的

1. 验证电阻、感抗、容抗与频率的关系，测定 R-f、X_L-f 及 X_c-f 特性曲线。
2. 加深理解 R、L、C 元件端电压与电流间的相位关系。

二、实验原理

1. 在正弦交变信号作用下，R、L、C 电路元件在电路中的抗流作用与信号的频率有关，它们的阻抗频率特性 R-f、X_L-f、X_C-f 曲线如图 2.27 所示。

2. 元件阻抗频率特性的测量电路如图 2.28 所示。

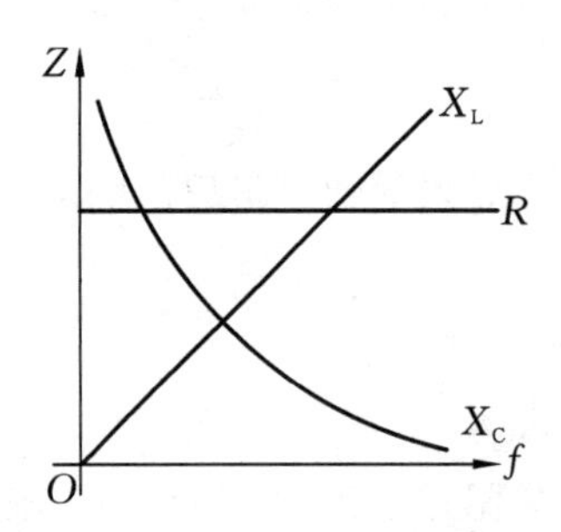

图 2.27　R、L、C 阻抗频率特性图

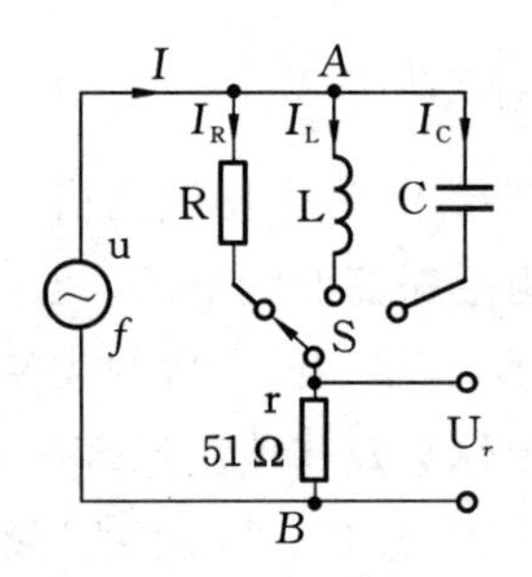

图 2.28　元件阻抗频率特性测量电路

图 2.28 中的 r 是提供测量回路电流用的标准小电阻，由于 r 的阻值远小于被测元件的阻抗值，因此可以认为 AB 之间的电压就是被测元件 R、L 或 C 两端的电压，流过被测元件的电流则可由 r 两端的电压 u_r 除以 r 求得。

若用双踪示波器同时观察 r 与被测元件两端的电压，亦展现出被测元件两端的电压和流过该元件电流的波形，从而可在荧光屏上测出电压与电流的幅值及它们之间的相位差。

将元件 R、L、C 串联或并联相接，亦可用同样的方法测得 $Z_{串}$ 与 $Z_{并}$ 的阻抗频率特性 Z-f，根据电压、电流的相位差可判断 $Z_{串}$ 或 $Z_{并}$ 是感性还是容性负载。

3. 元件的阻抗角（即相位差 φ）随输入信号的频率变化而改变，将各个不同频率下的相位差画在以频率 f 为横坐标、阻抗角 φ 为纵坐标的坐标纸上，并用光滑的曲线连接这些点，即得到阻抗角的频率特性曲线。

用双踪示波器测量阻抗角的方法如图 2.29 所示。从荧光屏上数得一个周期占 n 格，相位差占 m 格，则实际的相位差 φ（阻抗角）为

$$\varphi = m \times \frac{360^\circ}{n}$$

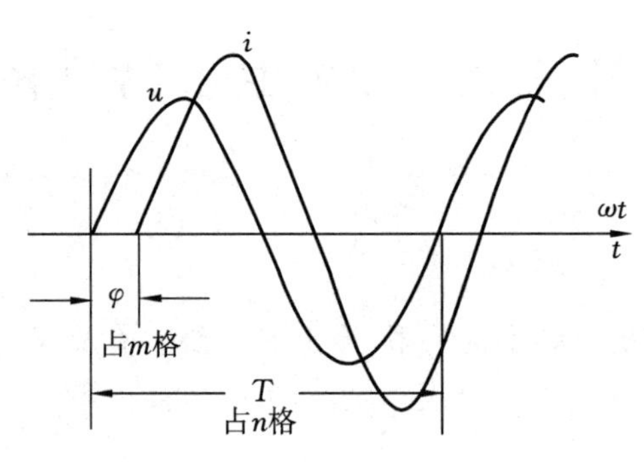

图 2.29　示波器显示波形

三、实验设备(表 2.35)

表 2.35 实验设备

序号	名 称	型号或规格	数量	备 注
1	函数信号发生器	—	1	
2	交流电压表	0～600 V	1	
3	双踪示波器	—	1	
4	实验线路元件	$R=1$ kΩ,$r=51$ Ω,$C=1$ μF,L 约 10 mH	1	

四、实验内容与步骤

1. 测量 R、L、C 元件的阻抗频率特性

通过电缆线将函数信号发生器输出的正弦信号接至如图 2.28 所示的电路,作为激励源 U,并用交流电压表测量电压,使激励电压的有效值为 $U=3$ V,并保持不变。

使信号源的输出频率从 200 Hz 逐渐增至 5 kHz,并使开关 S 分别接通 R、L、C 三个元件,用交流电压表测量 U_r,并计算各频率点时的 I_R、I_L 和 I_C(即 U_r/r)以及 $R=U/I_R$、$X_L=U/I_L$及 $X_C=U/I_C$ 之值。

注意:在接通 C 测试时,信号源的频率应控制在 200～2500 Hz 之间。

2. 用双踪示波器观察在不同频率下各元件阻抗角的变化情况,按图 2.29 记录 n 和 m,算出 φ。

3. 测量 R、L、C 元件串联的阻抗角频率特性。

五、实验注意事项

1. 交流毫伏表属于高阻抗电表,测量前必须先调零。

2. 测 φ 时,示波器的“V/div”和“t/div”的微调旋钮应旋至“校准”位置。

六、预习思考题

测量 R、L、C 各个元件的阻抗角时,为什么要与它们串联一个小电阻?可否用一个小电感或大电容代替?为什么?

七、实验报告

1. 根据实验数据,在方格纸上绘制 R、L、C 三个元件的阻抗频率特性曲线,从中可得出什么结论?

2. 根据实验数据,在方格纸上绘制 R、L、C 三个元件串联的阻抗角频率特性曲线,并总结、归纳出结论。

3. 写出心得体会及其他注意事项。

2.11 RC选频网络特性测试

一、实验目的

1. 熟悉文氏电桥电路的结构特点及其应用。

2. 学会用交流电压表和示波器测定文氏桥电路的幅频特性和相频特性。

二、实验原理

文氏电桥电路是一个RC的串、并联电路，如图2.30所示。该电路结构简单，被广泛地用在低频振荡电路中作为选频环节，可以获得纯正弦波电压。

1. 用函数信号发生器的正弦输出信号作为图2.30的激励信号 U_i，并保持 U_i 值不变的情况下，改变输入信号的频率 f，用交流电压表或示波器测出输出端相应于各个频率点下的输出电压 U_o 值，根据这些数据画出电路的幅频特性曲线。

文氏电桥电路的一个特点是其输出电压幅度不仅会随输入信号的频率而变，而且还会出现一个与输入电压同相位的最大值，如图2.31所示。

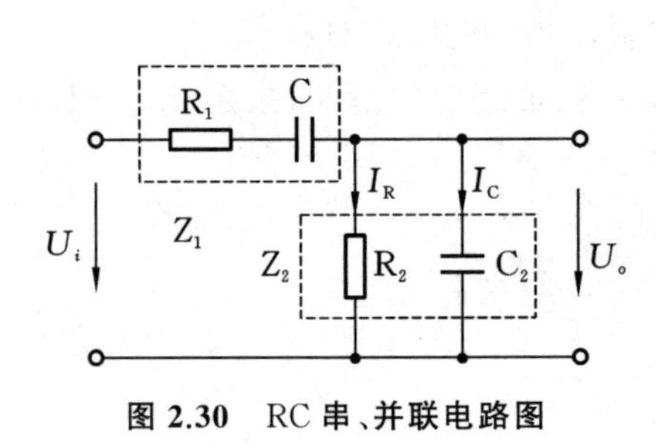

图2.30 RC串、并联电路图

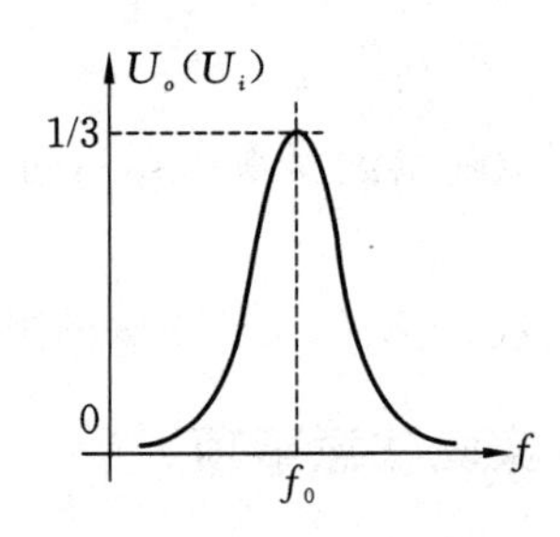

图2.31 幅频特性曲线

由电路分析得知，该网络的传递函数为

$$\beta=\frac{1}{3+\mathrm{j}[\omega RC-1/(\omega RC)]}$$

当角频率 $\omega=\omega_0=\dfrac{1}{RC}$ 时，$|\beta|=\dfrac{U_o}{U_i}=\dfrac{1}{3}$，此时 U_o 与 U_i 同相。由图2.31可见RC串并联电路具有带通特性。

2. 将上述电路的输入和输出分别接到双踪示波器的 Y_A 和 Y_B 两个输入端，改变输入正弦信号的频率，观测相应的输入和输出波形间的时延 τ 及信号的周期 T，则两波形间的相位差为

$$\varphi=\frac{\tau}{T}\times 360°=\varphi_o-\varphi_i\text{（输出相位与输入相位之差）}$$

3. 将各个不同频率下的相位差画在以 f 为横轴、φ 为纵轴的坐标纸上，用光滑的曲线将这些点连接起来，即是被测电路的相频特性曲线，如图 2.32 所示。

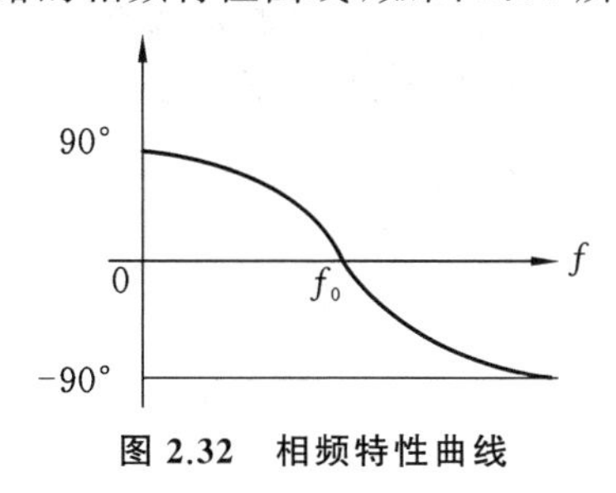

图 2.32 相频特性曲线

由电路分析理论得知，当 $\omega=\omega_0=\dfrac{1}{RC}$，即 $f=f_0=\dfrac{1}{2\pi RC}$ 时，$\varphi=0$，即 U_o 与 U_i 同相位。

三、实验设备(表 2.36)

表 2.36 实验设备

序号	名　　称	型号或规格	数量	备　注
1	函数信号发生器及频率计	—	1	
2	双踪示波器	—	1	
3	交流电压表	0～600 V	1	
4	RC 选频网络实验板	—	1	

四、实验内容与步骤

1. 测量 RC 串、并联电路的幅频特性

(1) 利用挂箱上"RC 串、并联选频网络"线路，组成图 2.30 线路。取 $R=1\ \text{k}\Omega$，$C=0.1\ \mu\text{F}$。

(2) 调节信号源输出电压为 3 V 的正弦信号，接入图 2.30 的输入端。

(3) 改变信号源的频率 f，并保持 $U_i=3$ V 不变，测量输出电压 U_o(可先测量 $\beta=1/3$ 时的频率 f_0，然后再在 f_0 左右设置其他频率点测量)。

(4) 取 $R=200\ \Omega$，$C=2.2\ \mu\text{F}$，重复上述测量，记入表 2.37 中。

表 2.37 RC 串、并联电路幅频测量数据

$R=1\ \text{k}\Omega$，$C=0.1\ \mu\text{F}$	f/Hz	
	U_o/V	
$R=200\ \Omega$，$C=2.2\ \mu\text{F}$	f/Hz	
	U_o/V	

2. 测量 RC 串、并联电路的相频特性

将图 2.30 的输入 U_i 和输出 U_o 分别接至双踪示波器的 Y_A 和 Y_B 两个输入端，改变输入正弦信号的频率，观测不同频率点时，相应的输入与输出波形间的时延 τ 及信号的周期 T，记入表 2.38 中，两波形间的相位差为：

$$\varphi=\varphi_o-\varphi_i=\frac{\tau}{T}\times 360^\circ$$

表 2.38　RC 串、并联电路相频测量数据

$R=1\ \text{k}\Omega$，$C=0.1\ \mu\text{F}$	f/Hz	
	T/ms	
	τ/ms	
	φ	
$R=200\ \Omega$，$C=2.2\ \mu\text{F}$	f/Hz	
	T/ms	
	τ/ms	
	φ	

五、实验注意事项

由于信号源内阻的影响，输出幅度会随信号频率变化。因此，在调节输出频率时，应同时调节输出幅度，使实验电路的输入电压保持不变。

六、预习思考题

1. 根据电路参数，分别估算文氏电桥电路两组参数时的固有频率 f_0。

2. 推导 RC 串并联电路的幅频、相频特性的数学表达式。

七、实验报告

1. 根据实验数据，绘制文氏电桥电路的幅频特性和相频特性曲线，找出 f_0，并与理论计算值比较，分析误差原因。

2. 讨论实验结果。

3. 写出心得体会及其他注意事项。

2.12 R、L、C 串联谐振电路的研究

一、实验目的

1. 学习用实验方法绘制 R、L、C 串联电路的幅频特性曲线。

2. 加深理解电路发生谐振的条件、特点，掌握电路品质因数（电路 Q 值）的物理意义及其测定方法。

二、实验原理

1. 在图 2.33 所示的 R、L、C 串联电路中，当正弦交流信号源的频率 f 改变时，电路中的感抗、容抗随之而变，电路中的电流也随 f 而变。取电阻 R 上的电压 U_o 作为响应，当输入电压 U_i 的幅值维持不变时，在不同频率的信号激励下，测出 U_o 之值，然后以 f 为横坐标，以 U_o/U_i 为纵坐标（因 U_i 不变，故也可直接以 U_o 为纵坐标），绘出光滑的曲线，此即为幅频特性曲线，亦称谐振曲线，如图 2.34 所示。

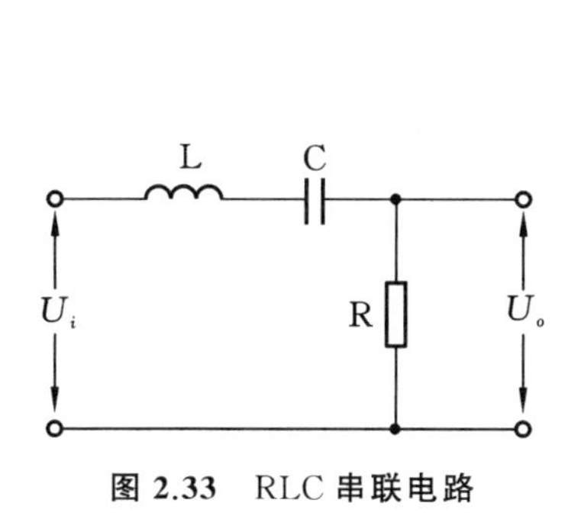

图 2.33 RLC **串联电路**

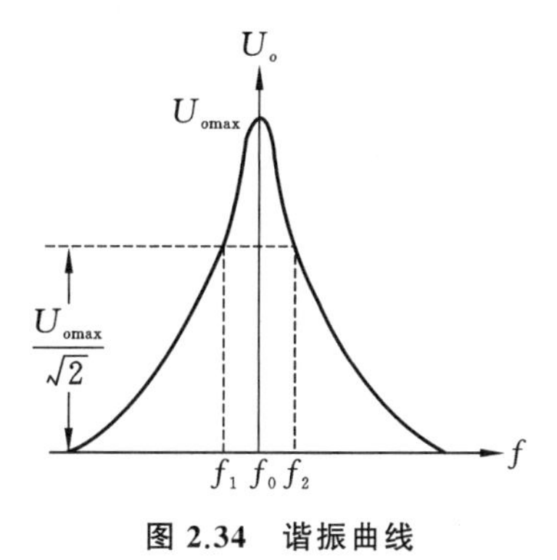

图 2.34　谐振曲线

2. 在 $f=f_0=\dfrac{1}{2\pi\sqrt{LC}}$ 处，即幅频特性曲线尖峰所在的频率称为谐振频率。此时 $X_L=X_C$，电路呈纯阻性，电路阻抗的模最小。在输入电压 U_i 为定值时，电路中的电流达到最大值，且与输入电压 U_i 同相位。从理论上讲，此时 $U_i=U_R=U_o$，$U_L=U_C=QU_i$，式中的 Q 称为电路的品质因数。

3. 电路品质因数 Q 值的两种测量方法：

一种方法是根据公式 $Q=\dfrac{U_L}{U_o}=\dfrac{U_C}{U_o}$ 测定，U_C 与 U_L 分别为谐振时电容器 C 和电感线圈 L 上的电压；另一种方法是通过测量谐振曲线的通频带宽度 $\Delta f=f_2-f_1$，再根据 $Q=\dfrac{f_o}{f_2-f_1}$

求出 Q 值。式中 f_o 为谐振频率，f_2 和 f_1 是失谐时，亦即输出电压的幅度下降到最大值的 $1/\sqrt{2}$（=0.707）倍时的上、下频率。Q 值越大，曲线越尖锐，通频带越窄，电路的选择性越好。在恒压源供电时，电路的品质因数、选择性与通频带只取决于电路本身的参数，而与信号源无关。

三、实验设备（表 2.39）

表 2.39 实验设备

序号	名　称	型号或规格	数量	备注
1	函数信号发生器	—	1	
2	交流电压表	0～600 V	1	
3	双踪示波器	—	1	
4	谐振电路实验电路板	—	1	

四、实验内容与步骤

1. 按图 2.35 组成监视、测量电路。先选用 C_1、R_1。用交流电压表测电压，用示波器监视信号源输出。令信号源输出电压 $U_i=4V_{P\text{-}P}$，并保持不变。

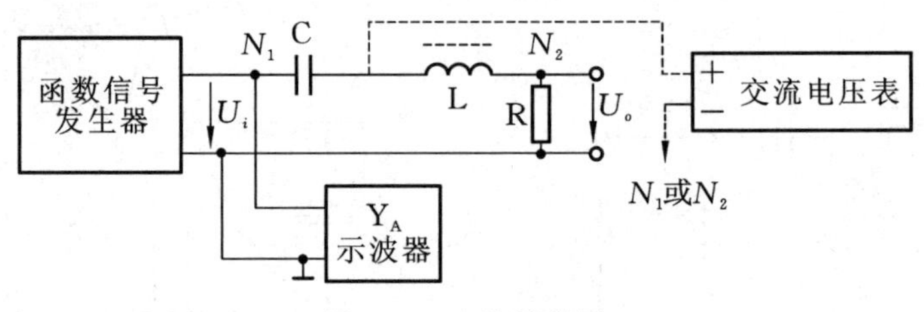

图 2.35 电路接线图

2. 找出电路的谐振频率 f_o，其方法是，将电压表接在 R(200 Ω)两端，令信号源的频率由小逐渐变大（注意要维持信号源的输出幅度不变），当 U_o 的读数为最大时，读得频率计上的频率值即为电路的谐振频率 f_o，并测量 U_C 与 U_L 之值（注意及时更换电压表的量限）。

3. 在谐振点两侧，按频率递增或递减 500 Hz 或 1 kHz，依次各取 8 个测量点，逐点测出 U_o、U_L，U_C 之值，记入表 2.40 中。

表 2.40　R=200 Ω 时测量数据

f/kHz	
U_o/V	

续表2.40

U_L/V	
U_C/V	
$U_i=4V_{P-P}$， $C=0.01\ \mu F$， $R=200\ \Omega$， $f_o=$ ，$f_2-f_1=$ ，$Q=$	

4. 将电阻改为 R_2，重复步骤 2、3 的测量过程，记入表 2.41 中。

表 2.41 $R=1\ k\Omega$ 时测量数据

f/kHz	
U_o/V	
U_L/V	
U_C/V	
$U_i=4V_{P-P}$， $C=0.01\ \mu F$， $R=1\ k\Omega$， $f_o=$ ，$f_2-f_1=$ ，$Q=$	

5. 选 C_2，重复步骤 2～4。（自制表格）

五、实验注意事项

1. 测试频率点的选择应在靠近谐振频率附近多取几点。在变换频率测试前，应调整信号输出幅度（用示波器监视输出幅度），使其维持在 $4V_{P-P}$。

2. 测量 U_C 和 U_L 数值前，应将电压表的量限改大，而且在测量 U_L 与 U_C 时电压表的"＋"端应接 C 与 L 的公共点，其接地端应分别触及 L 和 C 的近地端 N_2 和 N_1。

3. 实验中，信号源的外壳应与电压表的外壳绝缘（不共地）。如能用浮地式交流电压表测量，则效果更佳。

六、预习思考题

1. 根据实验线路板给出的元件参数值，估算电路的谐振频率。

2. 改变电路的哪些参数可以使电路发生谐振，电路中 R 的数值是否影响谐振频率值？

3. 如何判别电路是否发生谐振？测试谐振点的方案有哪些？

4. 电路发生串联谐振时，为什么输入电压不能太大，如果信号源给出 3 V 的电压，电路谐振时，用交流电压表测 U_L 和 U_C，应该选择用多大的量程？

5. 要提高 R、L、C 串联电路的品质因数，电路参数应如何改变？

6. 本实验在谐振时，对应的 U_L 与 U_C 是否相等？如有差异，原因何在？

七、实验报告

1. 根据测量数据，绘出不同 Q 值时三条幅频特性曲线，即：

$$U_o=U_o(f),\quad U_L=U_L(f),\quad U_C=U_C(f)$$

2. 计算出通频带与 Q 值,说明不同 R 值时对电路通频带与品质因数的影响。
3. 对两种不同的测 Q 值的方法进行比较,分析误差原因。
4. 谐振时,比较输出电压 U_o 与输入电压 U_i 是否相等?试分析原因。
5. 通过本次实验,总结、归纳串联谐振电路的特性。
6. 写出心得体会及其他注意事项。

2.13　双口网络测试

一、实验目的

1. 加深理解双口网络的基本理论。
2. 掌握直流双口网络传输参数的测量技术。

二、实验原理

对于任何一个线性网络,我们所关心的往往只是输入端口和输出端口的电压和电流之间的相互关系,并通过实验测定方法求取一个极其简单的等值双口电路来替代原网络,此即为"黑盒理论"的基本内容。

1. 一个双口网络两端口的电压和电流四个变量之间的关系,可以用多种形式的参数方程来表示。本实验采用输出口的电压 U_2 和电流 I_2 作为自变量,以输入口的电压 U_1 和电流 I_1 作为因变量,所得的方程称为双口网络的传输方程,如图 2.36 所示的无源线性双口网络(又称为四端网络)的传输方程为:$U_1=AU_2+BI_2$;$I_1=CU_2+DI_2$。

图 2.36　双口网络

式中的 A、B、C、D 为双口网络的传输参数,其值完全取决于网络的拓扑结构及各支路元件的参数值。

这四个参数表征了该双口网络的基本特性,它们的含义是:

$$A=\frac{U_{1o}}{U_{2o}}\text{(令 }I_2=0\text{,即输出口开路时)}$$

$$B=\frac{U_{1s}}{I_{2s}}\text{(令 }U_2=0\text{,即输出口短路时)}$$

$$C=\frac{I_{1o}}{U_{2o}}\text{(令 }I_2=0\text{,即输出口开路时)}$$

$$D=\frac{I_{1s}}{I_{2s}}\text{（令 }U_2=0\text{，即输出口短路时）}$$

由上可知，只要在网络的输入口加上电压，在两个端口同时测量其电压和电流，即可求出 A、B、C、D 四个参数，此即为双端口同时测量法。

2. 若要测量一条远距离输电线构成的双口网络，采用同时测量法就很不方便。这时可采用分别测量法，即先在输入口加电压，而将输出口开路和短路，在输入口测量电压和电流，由传输方程可得：

$$R_{1o}=\frac{U_{1o}}{I_{1o}}=\frac{A}{C}\text{（令 }I_2=0\text{，即输出口开路时）}$$

$$R_{1s}=\frac{U_{1s}}{I_{1s}}=\frac{B}{D}\text{（令 }U_2=0\text{，即输出口短路时）}$$

然后在输出口加电压，而将输入口开路和短路，测量输出口的电压和电流。此时可得

$$R_{2o}=\frac{U_{2o}}{I_{2o}}=\frac{D}{C}\text{（令 }I_1=0\text{，即输入口开路时）}$$

$$R_{2s}=\frac{U_{2s}}{I_{2s}}=\frac{B}{A}\text{（令 }U_1=0\text{，即输入口短路时）}$$

R_{1o}、R_{1s}、R_{2o}、R_{2s} 分别表示一个端口开路和短路时另一端口的等效输入电阻，这四个参数中只有三个是独立的（因为 $AD-BC=1$）。至此，可求出四个传输参数：

$$A=\sqrt{R_{1o}/(R_{2o}-R_{2s})},\quad B=R_{2s}A,\quad C=A/R_{1o},\quad D=R_{2o}C$$

3. 双口网络级联后的等效双口网络的传输参数亦可采用前述的方法之一求得。从理论推得两个双口网络级联后的传输参数与每一个参加级联的双口网络的传输参数之间有如下的关系：

$$A=A_1A_2+B_1C_2\qquad B=A_1B_2+B_1D_2$$

$$C=C_1A_2+D_1C_2\qquad D=C_1B_2+D_1D_2$$

三、实验设备（表 2.42）

表 2.42　实验设备

序号	名　称	型号或规格	数量	备注
1	可调直流稳压电源	0～30 V	1	
2	数字直流电压表	0～200 V	1	
3	数字直流毫安表	0～500 mA	1	
4	双口网络实验电路板	—	1	

四、实验内容与步骤

双口网络实验线路如图 2.37 所示。将直流稳压电源的输出电压调到 10 V，作为双口网

络的输入。

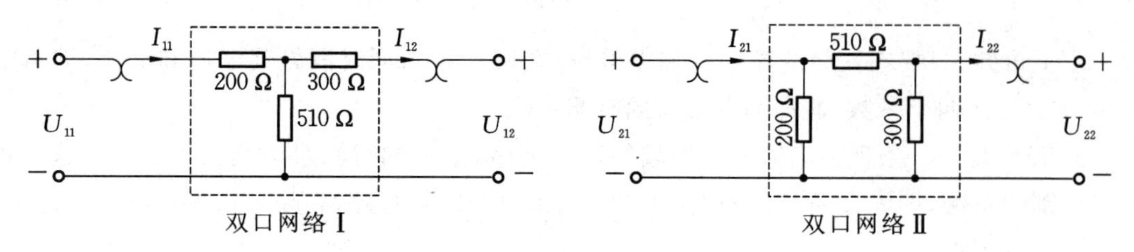

图 2.37 双口网络实验线路图

1. 按同时测量法分别测量计算两个双口网络的传输参数 A_1、B_1、C_1、D_1 和 A_2、B_2、C_2、D_2，填入表 2.43 中，并列出它们的传输方程。

2. 将两个双口网络级联，即将网络Ⅰ的输出接至网络Ⅱ的输入。用两端口分别测量法计算级联后等效双口网络的传输参数 A、B、C、D，填入表 2.44 中，并验证等效双口网络传输参数与级联的两个双口网络传输参数之间的关系。

表 2.43 双口网络测量数据

		测量值			计算值
双口网络Ⅰ	输出端开路 $I_{12}=0$	U_{11o}/V	U_{12o}/V	I_{11o}/mA	$A_1=$ $B_1=$ $C_1=$ $D_1=$
	输出端短路 $U_{12}=0$	U_{11s}/V	I_{11s}/mA	I_{12s}/mA	
		测量值			计算值
双口网络Ⅱ	输出端开路 $I_{22}=0$	U_{21o}/V	U_{22o}/V	I_{21o}/mA	$A_2=$ $B_2=$ $C_2=$ $D_2=$
	输出端短路 $U_{22}=0$	U_{21s}/V	I_{21s}/mA	I_{22s}/mA	

表 2.44 级联后测量数据

	输出端开路 $I_2=0$			输出端短路 $U_2=0$			计算传输参数
输入端加电压	U_{1o}/V	I_{1o}/mA	R_{1o}/kΩ	U_{1s}/V	I_{1s}/mA	R_{1s}/kΩ	
	输入端开路 $I_1=0$			输入端短路 $U_1=0$			$A=$ $B=$ $C=$ $D=$
输出端加电压	U_{2o}/V	I_{2o}/mA	R_{2o}/kΩ	U_{2s}/V	I_{2s}/mA	R_{2s}/kΩ	

五、实验注意事项

1. 采用电流插头插座测量电流时，要注意判别电流表的极性及选取适合的量程(根据所给的电路参数，估算电流表量程)。

2. 计算传输参数时，I、U 均取其正值。

六、预习思考题

1. 试述双口网络同时测量法与分别测量法的测量步骤、优缺点及其适用情况。

2. 本实验方法可否用于交流双口网络的测定?

七、实验报告

1. 完成数据表格中参数的测量和计算任务。

2. 列写参数方程。

3. 验证级联后等效双口网络的传输参数与级联的两个双口网络传输参数之间的关系。

4. 总结、归纳双口网络的测试技术。

5. 写出心得体会及其他注意事项。

2.14 单相铁芯变压器特性的测试

一、实验目的

1. 通过测量，计算变压器的各项参数。

2. 学会测绘变压器的空载特性与外特性。

二、实验原理

1. 图 2.38 所示为测试变压器参数的电路。由各仪表读得变压器原边(AX，低压侧)的 U_1、I_1、P_1 及副边(ax，高压侧)的 U_2、I_2，并用万用表 R×1 挡测出原、副绕组的电阻 R_1 和 R_2，即可算得变压器的以下各项参数值：

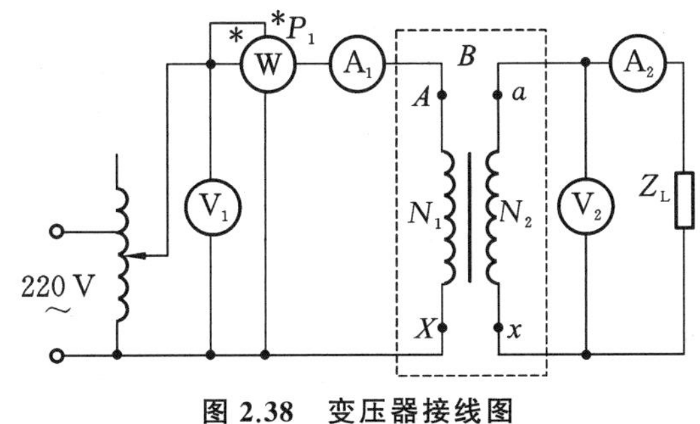

图 2.38 变压器接线图

电压比 $K_U=\dfrac{U_1}{U_2}$，电流比 $K_I=\dfrac{I_2}{I_1}$；

原边阻抗 $Z_1=\dfrac{U_1}{I_1}$，副边阻抗 $Z_2=\dfrac{U_2}{I_2}$；

阻抗比$=\dfrac{Z_1}{Z_2}$，负载功率 $P_2=U_2I_2\cos\phi_2$；

损耗功率 $P_o=P_1-P_2$；

功率因数$=\dfrac{P_1}{U_1I_1}$，原边线圈铜耗 $P_{cu1}=I_1^2R_1$；

副边铜耗 $P_{cu2}=I_2^2R_2$，铁耗 $P_{Fe}=P_o-(P_{cu1}+P_{cu2})$。

2. 铁芯变压器是一个非线性元件，铁芯中的磁感应强度 B 取决于外加电压的有效值 U。当副边开路(即空载)时，原边的励磁电流 I_{1o} 与磁场强度 H 成正比。在变压器中，副边空载时，原边电压与电流的关系称为变压器的空载特性，这与铁芯的磁化曲线(B-H 曲线)是一致的。

空载实验通常是将高压侧开路，由低压侧通电进行测量，又因空载时功率因数很低，故测量功率时应采用低功率因数瓦特表。此外，因变压器空载时阻抗很大，故电压表应接在电流表外侧。

3. 变压器外特性测试。

为了满足三组灯泡负载额定电压为 220 V 的要求，故以变压器的低压(36 V)绕组作为原边，220 V 的高压绕组作为副边，即当作一台升压变压器使用。

在保持原边电压 U_1(=36 V)不变时，逐次增加灯泡负载(每个灯泡为 25 W)，测定 U_1、U_2、I_1 和 I_2，即可绘出变压器的外特性，即负载特性曲线 $U_2=f(I_2)$。

三、实验设备(表 2.45)

表 2.45　实验设备

序号	名称	型号或规格	数量	备注
1	交流电压表	0～500 V	1	
2	交流电流表	0～5A	1	
3	单相功率表	—	1	
4	试验变压器	220 V/36 V，50 V·A	1	
5	自耦调压器	—	1	
6	白炽灯	220 V,25 W	5	

四、实验内容与步骤

1. 用交流法判别变压器绕组的同名端。

2. 按图 2.38 线路接线。其中 AX 为变压器的低压绕组，ax 为变压器的高压绕组。即电源经调压器接至低压绕组，高压绕组 220 V 接 Z_L 即 25 W 的灯组负载(3 个灯泡并联)，经指导教师检查后方可进行实验。

3. 将调压器手柄置于输出电压为零的位置(逆时针旋到底)，合上电源开关，并调节调压器，使其输出电压为 36 V。令负载开路并逐次增加负载(最多亮 5 个灯泡)，分别记下 5 个仪表的读数，记入自拟的数据表格，绘制变压器外特性曲线。实验完毕将调压器调回零位，断开电源。

当负载为 4 个或 5 个灯泡时，变压器已处于超载运行状态，很容易烧坏。因此，测试和记录应尽量快，总共不应超过 3 分钟。实验时，可先将 5 个灯泡并联安装好，断开控制每个灯泡的相应开关，通电且电压调至规定值后，再逐一合上各个灯的开关，并记录仪表读数。待点亮 5 个灯泡的数据记录完毕后，立即用相应的开关断开各灯。

4. 将高压侧(副边)开路，确认调压器处在零位后，合上电源，调节调压器输出电压，使 U_1 从零逐次上升到 1.2 倍的额定电压(1.2×36 V)，分别记下各次测得的 U_1、U_{20} 和 I_{10} 数据，记入自拟的数据表格，然后绘制变压器的空载特性曲线。

五、实验注意事项

1. 本实验是将变压器作为升压变压器使用，并用调节调压器提供原边电压 U_1，故使用调压器时应首先调至零位，然后才可合上电源。此外，必须用电压表监视调压器的输出电压，防止被测变压器输出过高电压而损坏实验设备，且要注意安全，以防高压触电。

2. 由负载实验转到空载实验时，要注意及时变更仪表量程。

3. 遇异常情况，应立即断开电源，待处理好故障后，再继续实验。

六、预习思考题

1. 为什么本实验将低压绕组作为原边进行通电实验？此时，在实验过程中应注意什么问题？

2. 为什么变压器的励磁参数一定是在空载实验加额定电压的情况下求出？

七、实验报告

1. 根据实验内容，自拟数据表格，绘出变压器的外特性和空载特性曲线。

2. 根据额定负载时测得的数据，计算变压器的各项参数。

3. 计算变压器的电压调整率？$\Delta U\%=\dfrac{U_{2o}-U_{2N}}{U_{2o}}\times 100\%$。

4. 写出心得体会及其他注意事项。

2.15 三相鼠笼式异步电动机

一、实验目的

1. 熟悉三相鼠笼式异步电动机的结构和额定值。
2. 学习检验异步电动机绝缘情况的方法。
3. 学习三相异步电动机定子绕组首、末端的判别方法。
4. 掌握三相鼠笼式异步电动机的启动和反转方法。

二、实验原理

1. 三相鼠笼式异步电动机的结构

异步电动机是基于电磁原理把交流电能转换为机械能的一种旋转电机。三相鼠笼式异步电动机的基本结构有定子和转子两大部分。

定子主要由定子铁芯、三相对称定子绕组和机座等组成，是电动机的静止部分。三相定子绕组一般有六根引出线，出线端装在机座外面的接线盒内，如图 2.39 所示，根据三相电源电压的不同，三相定子绕组可以接成星形(Y)或三角形(△)，然后与三相交流电源相连。

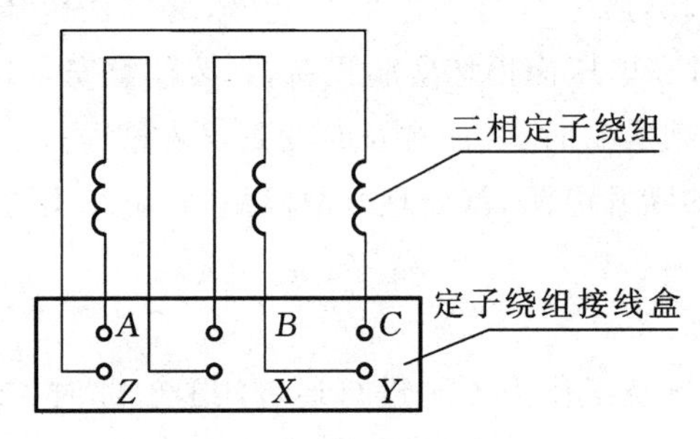

图 2.39 出线端示意图

转子主要由转子铁芯、转轴、转子绕组等组成，是电动机的旋转部分。小容量鼠笼式异步电动机的转子绕组大都采用铝浇铸而成，冷却方式一般都采用风冷式。

2. 三相鼠笼式异步电动机的铭牌

三相鼠笼式异步电动机的额定值标记在电动机的铭牌上，如表 2.46 所示为本实验装置三相鼠笼式异步电动机铭牌。

表 2.46 三相鼠笼式异步电动机铭牌

型号	DJ24	电压	380 V/220 V	接法	Y/△
功率	180 W	电流	1.13 A/0.65 A	转速	1400 转/分
定额	连续				

其中：

(1) 功率指额定运行情况下，电动机轴上输出的机械功率。

(2) 电压指额定运行情况下，定子三相绕组应加的电源线电压值。

(3) 接法指定子三相绕组接法，当额定电压为 380 V/220 V 时，应为 Y/△接法。

(4) 电流指额定运行情况下，当电动机输出额定功率时，定子电路的线电流值。

3. 三相鼠笼式异步电动机的检查

电动机使用前应做必要的检查。

(1) 机械检查

检查引出线是否齐全、牢靠；转子转动是否灵活、匀称、是否有异常声响等。

(2) 电气检查

① 用兆欧表检查电机绕组间及绕组与机壳之间的绝缘性能

电动机的绝缘电阻可以用兆欧表进行测量。对额定电压 1 kV 以下的电动机，其绝缘电阻值最低不得小于 1000 Ω/V，测量方法如图 2.40 所示。一般 500 V 以下的中小型电动机最低应具有 2 MΩ 的绝缘电阻。

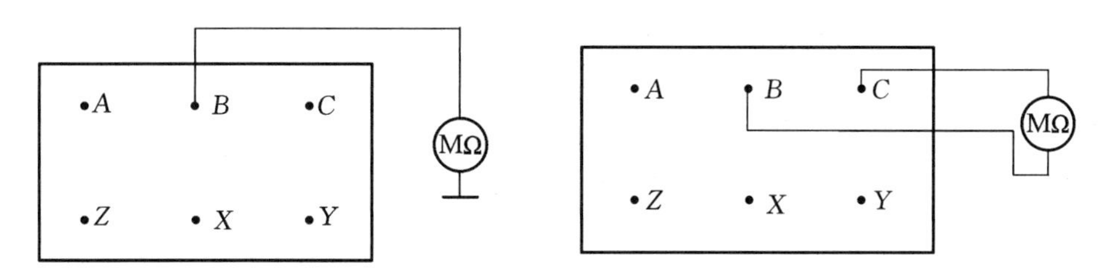

图 2.40 测量接线图

② 定子绕组首、末端的判别

异步电动机三相定子绕组的六个出线端有三个首端和三个末端。一般，首端标以 A、B、C，末端标以 X、Y、Z，在接线时如果没有按照首、末端的标记来接，当电动机启动时磁势和电流就会不平衡，引起绕组发热、振动、有噪声，甚至电动机不能启动。由于某种原因定子绕组六个出线端标记无法辨认时，可以通过实验方法来判别其首、末端（即同名端）。方法如下：

使用万用表欧姆挡测量六个出线端，确定哪一对引出线是属于同一相的，分别找出三相绕组，并标以符号，如 A、X，B、Y，C、Z。将其中的任意两相绕组串联，如图 2.41 所示。

将控制屏上三相自耦调压器手柄置零位，开启电源总开关，按下启动按钮，接通三相交流电源。调节调压器输出，在相串联的两相绕组出线端施加电压 U=80～100 V，测出第三相绕组的电压，如测得的电压值有一定读数，表示两相绕组的末端与首端相连，如图 2.41(a)所示。反之，如测得的电压近似为零，则两相绕组的末端与末端（或首端与首端）相连，如图 2.41(b)所示。用同样方法可测出第三相绕组的首末端。

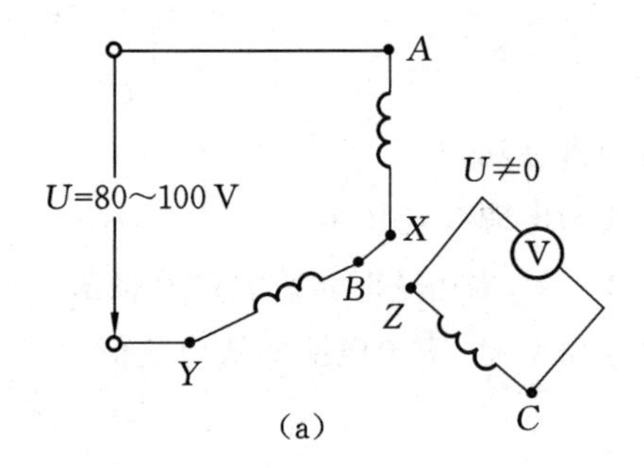

(a)

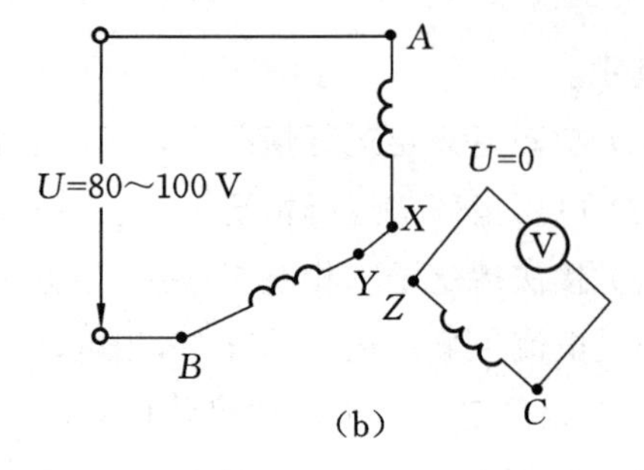

(b)

图 2.41　绕组接线图

4. 三相鼠笼式异步电动机的启动

鼠笼式异步电动机的直接启动电流可达额定电流的 4～7 倍，但持续时间很短，不致引起电机过热而烧坏。但对容量较大的电机，过大的启动电流会导致电网电压的下降而影响其他的负载正常运行，通常采用降压启动，最常用的是 Y—△换接启动，它可使启动电流减小到直接启动的 1/3。其使用的条件是正常运行必须作△接法。

5. 三相鼠笼式异步电动机的反转

异步电动机的旋转方向取决于三相电源接入定子绕组时的相序，故只要改变三相电源与定子绕组连接的相序即可使电动机改变旋转方向。

三、实验设备(表 2.47)

表 2.47　实验设备

序号	名称	型号或规格	数量	备注
1	三相交流电源	380 V,220 V	1	
2	三相鼠笼式异步电动机	DJ24	1	
3	万用表	—	1	
4	交流电压表	0～500 V	1	
5	交流电流表	0～5 A	1	

四、实验内容与步骤

1. 抄录三相鼠笼式异步电动机的铭牌数据，并观察其结构。
2. 用万用表判别定子绕组的首、末端。
3.用万用表测量电动机的绝缘电阻，记入表 2.48 中。

表 2.48　电动机电阻测量数据

各相绕组之间的绝缘电阻		绕组对地(机座)之间的绝缘电阻	
A 相与 B 相/MΩ		A 相与地(机座)/MΩ	

续表2.48

各相绕组之间的绝缘电阻		绕组对地(机座)之间的绝缘电阻	
A 相与 C 相/MΩ		B 相与地(机座)/MΩ	
B 相与 C 相/MΩ		C 相与地(机座)/MΩ	

4. 鼠笼式异步电动机的直接启动

(1) 采用 380 V 三相交流电源

将三相自耦调压器手柄置于输出电压为零位置,控制屏上三相电压表切换开关置“调压输出”侧,根据电动机的容量选择合适量程的交流电流表。

开启控制屏上三相电源总开关,按启动按钮,此时自耦调压器原绕组端 U_1、V_1、W_1 得电,调节调压器输出使 U、V、W 端输出线电压为 380 V,三只电压表指示应基本平衡。保持自耦调压器手柄位置不变,按停止按钮,自耦调压器断电。

① 按图 2.42 所示接线,电动机三相定子绕组接成 Y 接法;供电线电压为 380 V;实验线路中 Q_1 及 FU 由控制屏上的接触器 KM 和熔断器 FU 代替,学生可由 U、V、W 端子开始接线,以后各控制实验均同此。

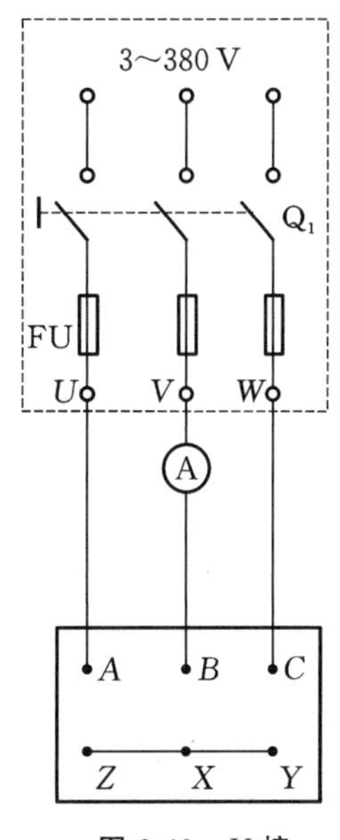

图 2.42 Y 接

② 按控制屏上启动按钮,电动机直接启动,观察启动瞬间电流冲击情况及电动机旋转方向,记录启动电流。当启动运行稳定后,将电流表量程切换至较小量程挡位上,记录空载电流。

③ 电动机稳定运行后,突然拆出 U、V、W 中的任一相电源(注意小心操作,以免触电),观测电动机作单相运行时电流表的读数并记录之。再仔细倾听电机的运行声音有何变化。(可由指导教师示范操作)

④ 电动机启动之前先断开 U、V、W 中的任一相,作缺相启动,观测电流表读数并记录之,观察电动机是否启动,再仔细倾听电动机是否发出异常的声响。

⑤ 实验完毕,按控制屏停止按钮,切断实验线路三相电源。

(2) 采用 220 V 三相交流电源

调节调压器输出使输出线电压为 220 V,电动机定子绕组接成△接法。按图 2.43 接线,重复(1)中各项内容,记录之。

5. 异步电动机的反转

电路接线如图 2.44 所示,按控制屏启动按钮,启动电动机,观察启动电流及电动机旋转方向是否反转。

实验完毕,将自耦调压器调回零位,按控制屏停止按钮,切断实验线路三相电源。

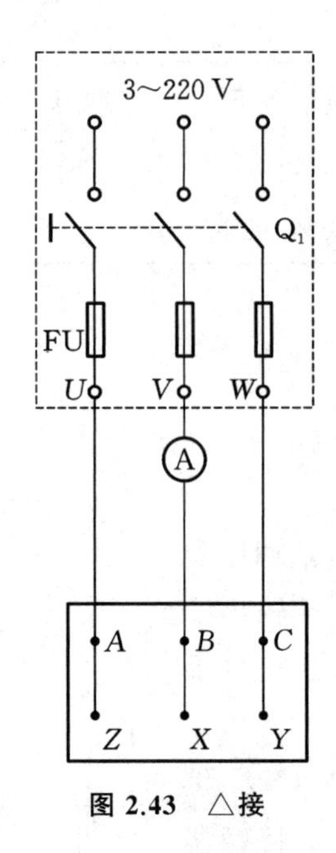

图 2.43　△接

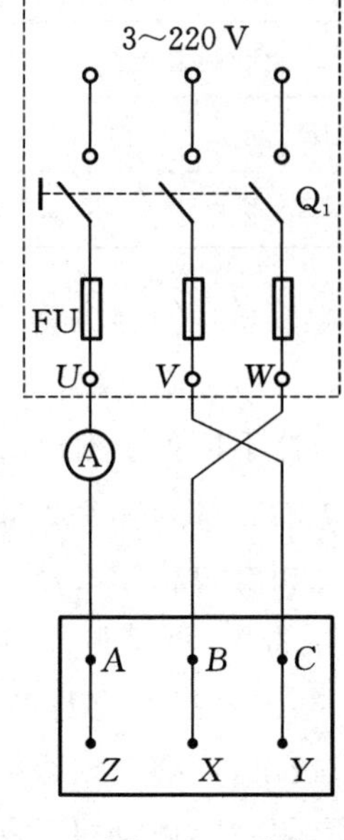

图 2.44　反转

五、实验注意事项

1. 本实验系强电实验，接线前(包括改接线路)、实验后都必须断开实验线路的电源，特别是在改接线路和拆线时必须遵守"先断电，后拆线"的原则。电机在运转时，电压和转速均很高，切勿触碰导电和转动部分，以免发生人身和设备事故。为了确保安全，学生应穿绝缘鞋进入实验室。接线或改接线路必须经指导教师检查后方可进行实验。

2. 启动电流持续时间很短，且只能在接通电源的瞬间读取电流表指针偏转的最大读数(因指针偏转的惯性，此读数与实际的启动电流数据略有误差)，如错过这一瞬间，须将电机停止，待停稳后，重新启动读取数据。

3. 单相(即缺相)运行时间不能太长，以免过大的电流导致电机的损坏。

六、预习思考题

1. 如何判断异步电动机的六个引出线，如何连接成 Y 形或△形，又根据什么来确定该电动机作 Y 接或△接？

2. 缺相是三相电动机运行中的一大故障，在启动或运转时发生缺相，会出现什么现象？有何后果？

3. 电动机转子被卡住不能转动，如果定子绕组接通三相电源将会发生什么后果？

七、实验报告

1. 对三相鼠笼式异步电动机的绝缘性能进行检查，判断该电机是否完好可用。

2. 对三相鼠笼式异步电动机的启动、反转及各种故障情况进行分析。

3 综合性、设计性实验

3.1 负阻抗变换器

一、实验目的

1. 加深对负阻抗概念的认识，掌握含有负阻抗变换器的电路分析方法。

2. 了解负阻抗变换器的组成原理及其应用。

3. 掌握负阻抗变换器的各种测试方法。

二、实验原理

1. 负阻抗是电路理论中的一个重要概念，在工程实践中有广泛的应用。有些非线性元件(如隧道二极管)在某个电压或电流范围内具有负阻特性。除此之外，一般都由一个有源双口网络来形成一个等效的线性负阻抗。该网络由线性集成电路或晶体管等元件组成，这样的网络称作负阻抗变换器。

按有源网络输入电压电流与输出电压电流的关系，负阻抗变换器可分为电流倒置型和电压倒置型两种(INIC 及 VNIC)，其示意图如图 3.1 所示。

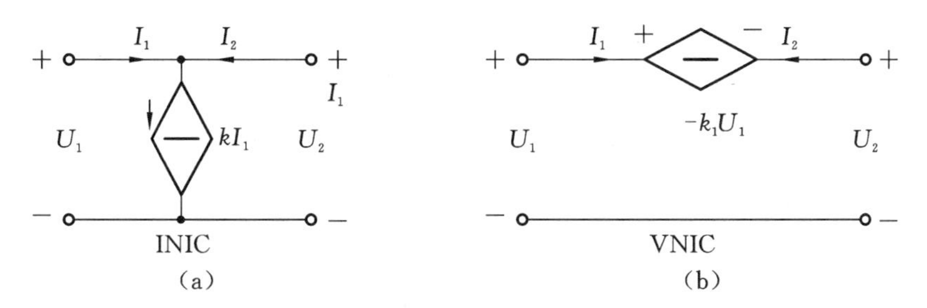

图 3.1 电流倒置型和电压倒置型负阻抗变换器电路图

(a)电流倒置型；(b)电压倒置型

在理想情况下，负阻抗变换器的电压、电流关系为：

INIC 型：$U_2=U_1$，$I_2=kI_1$(k 为电流增益)

VNIC 型：$U_2=-k_1U_1$，$I_2=-I_1$(k_1 为电压增益)

2. 本实验用线性运算放大器组成如图 3.2 所示的 INIC 电路，在一定的电压、电流范围内可获得良好的线性度。

根据运放理论可知：

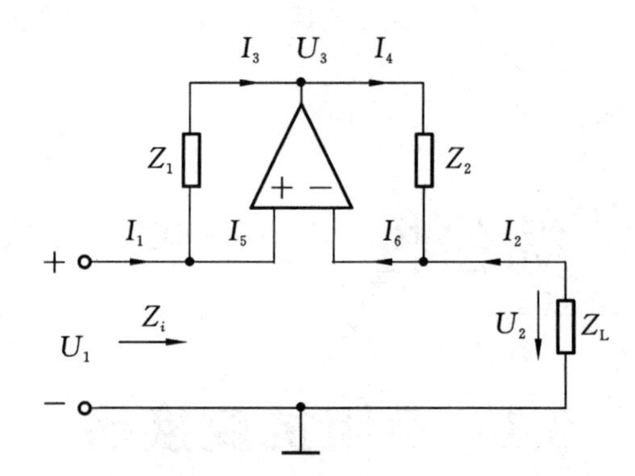

图 3.2 用线性运算放大器组成的 INIC 电路

$$U_1 = U_+ = U_- = U_2$$

$$I_5 = I_6 = 0, \quad I_1 = I_3, \quad I_2 = -I_4$$

$$Z_i = \frac{U_1}{I_1}, \quad I_3 = \frac{U_1 - U_3}{Z_1}, \quad I_4 = \frac{U_3 - U_2}{Z_2} = \frac{U_3 - U_1}{Z_2}$$

$$\therefore I_4 Z_2 = -I_3 Z_1, \quad -I_2 Z_2 = -I_1 Z_1$$

$$\therefore \frac{U_2}{Z_L} \cdot Z_2 = -I_1 Z_1$$

$$\therefore \frac{U_2}{I_1} = \frac{U_1}{I_1} = Z_i = -\frac{Z_1}{Z_2} \cdot Z_L = -kZ_L \left(令\ k = \frac{Z_1}{Z_2} \right)$$

当 $Z_1 = R_1 = R_2 = Z_2 = 1\text{k}\Omega$ 时，$k = \frac{Z_1}{Z_2} = \frac{R_1}{R_2} = 1$

① 当 $Z_L = R_L$ 时，$Z_i = -kZ_L = -R_L$

② 当 $Z_L = \frac{1}{\text{j}\omega C}$ 时，$Z_i = -kZ_L = -\frac{1}{\text{j}\omega C} = \text{j}\omega L \left(令\ L = \frac{1}{\omega^2 C} \right)$

③ 当 $Z_L = \text{j}\omega L$ 时，$Z_i = -kZ_L = -\text{j}\omega L = \frac{1}{\text{j}\omega C} \left(令\ C = \frac{1}{\omega^2 L} \right)$

②③两项表明，负阻抗变换器可实现容性阻抗和感性阻抗的互换。

三、实验设备(表 3.1)

表 3.1 实验设备

序号	名称	型号或规格	数量	备注
1	可调直流稳压电源	0～30 V	1	
2	低频信号发生器	—	1	
3	直流数字电压表	0～200 V	1	
4	直流数字毫安表	0～500 mA	1	
5	交流电压表	0～600 V	1	

续表3.1

序号	名称	型号或规格	数量	备注
6	双踪示波器	—	1	
7	可变电阻箱	0～99999.9 Ω	1	
8	电容器	0.1 μF	1	
9	线性电感	100 mH	1	
10	电阻器	200 Ω，1 kΩ	1	
11	负阻抗变换器实验电路板	INIC	1	

四、实验内容与步骤

1. 测量负电阻的伏安特性，计算电流增益 k 及等值负阻。实验线路参见图3.2。将实验挂箱上INIC实验板右下部的两个插孔短接。U_1 接直流可调稳压电源，Z_L 接电阻箱。

(1) 取 $R_L=300\ \Omega$(取自电阻箱)，测量不同 U_1 时的 I_1 值，U_1 取0.1～1 V(非线性部分应多测几点，下同)。

(2) 令 $R_L=600\ \Omega$，重复上述的测量(U_1 取0.1～2.0 V)，将数据记入表3.2。

表3.2　测量数据

$R_L=$ 300 Ω	U_1/V								
	I_1/mA								
	R/kΩ								
$R_L=$ 600Ω	U_1/V								
	I_1/mA								
	R/kΩ								

(3) 计算等效负阻和电流增益。

(4) 绘制负电阻的伏安特性曲线 $U_1=f(I_1)$。

2. 阻抗变换及相位观察。

阻抗变换接线图见图3.3。图中 b、c 即为INIC线路板左下部的两个插孔。接线时，信号源的高端接 a，低(接地)端接 b，双踪示波器的接地端接 b，Y_A、Y_B 分别接 a、c。图3.3中的 R_s 为电流取样电阻。因为电阻两端的电压波形与流过电阻的电流波形同相，所以用示波器观察 R_s 上的电压波形就反映了电流 i_1 的相位。

(1) 调节低频信号使 $U_1\leqslant 3$ V，改变信号源频率 $f=500\sim2000$ Hz，用双踪示波器观察 u_1 与 i_1 的相位差，判断是否具有容抗特征。

(2) 用0.1 μF的电容C代替L，重复(1)的观察，是否具有感抗特征。

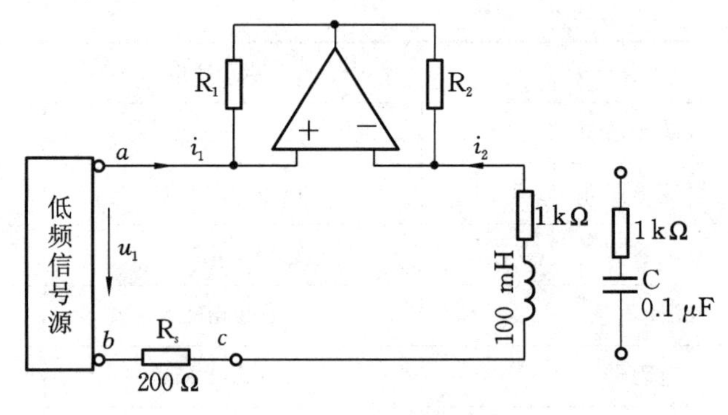

图 3.3　阻抗变换接线图

五、实验注意事项

本实验的接线较多,应仔细检查,特别是信号源与示波器的低端不可接错。

六、实验报告

1. 完成计算,绘制特性曲线。
2. 总结对 INIC 的认识。
3. 写出心得体会及其他注意事项。

3.2　回转器特性及应用

一、实验目的

1. 掌握回转器的基本特性。
2. 测量回转器的基本参数。
3. 了解回转器的应用。

二、实验原理

1. 回转器是一种有源非互易的新型两端口网络元件,电路符号及其等效电路如图 3.4 所示。

理想回转器的导纳方程如下:

$$\begin{vmatrix} i_1 \\ i_2 \end{vmatrix} = \begin{vmatrix} 0 & g \\ -g & 0 \end{vmatrix} \begin{vmatrix} u_1 \\ u_2 \end{vmatrix}, \quad \text{或写成} \quad i_1 = gu_2, \quad i_2 = -gu_1$$

也可写成电阻方程:

$$\begin{vmatrix} u_1 \\ u_2 \end{vmatrix} = \begin{vmatrix} 0 & -R \\ R & 0 \end{vmatrix} \begin{vmatrix} i_1 \\ i_2 \end{vmatrix}, \quad \text{或写成} \quad u_1 = -Ri_2, \quad u_2 = Ri_1$$

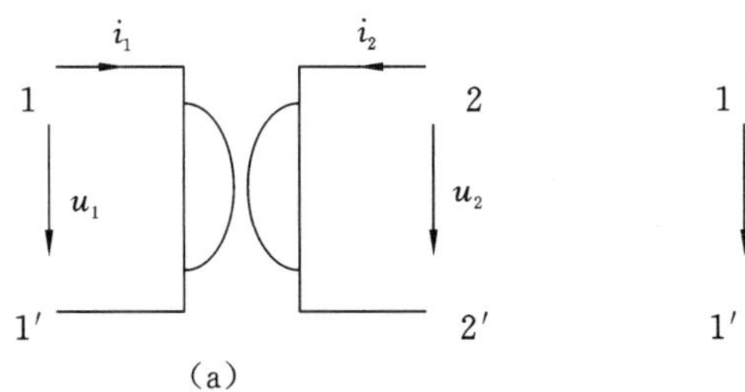

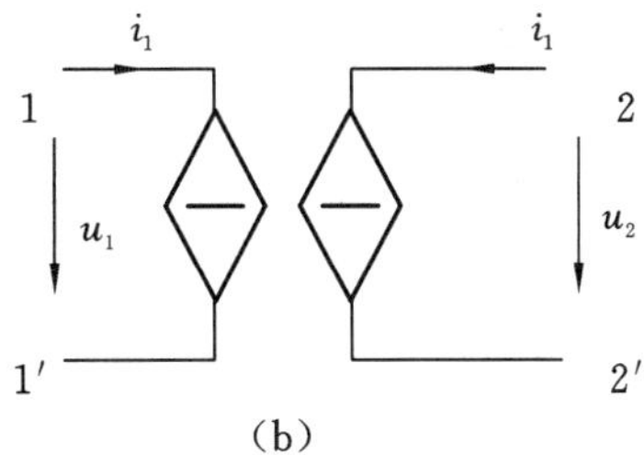

图 3.4 回转器电路符号及其等效电路

(a)电路符号;(b)等效电路

式中 g 和 R 分别称为回转电导和回转电阻,统称为回转常数。

2. 若在 2-2′端接一电容负载 C,则从 1-1′端看进去就相当于一个电感,即回转器能把一个电容元件"回转"成一个电感元件,相反也可以把一个电感元件"回转"成一个电容元件,所以回转器也称为阻抗逆变器。

2-2′端接有 C 后,从 1-1′端看进去的导纳 Y_i 为

$$Y_i=\frac{i_1}{u_1}=\frac{gu_2}{-i_2/g}=\frac{-g^2u_2}{i_2}$$

$$\because\ \frac{u_2}{i_2}=-Z_{\rm L}=\frac{1}{{\rm j}\omega C}$$

$$\therefore\ Y_i=g^2/{\rm j}\omega C=\frac{1}{{\rm j}\omega L}$$

式中,$L=\dfrac{C}{g^2}$为等效电感。

3. 由于回转器有阻抗逆变作用,在集成电路中得到重要的应用。在集成电路制造中,制造一个电容元件比制造一个电感元件容易得多,我们可以用一带有电容负载的回转器来获得数值较大的电感。

图 3.5 所示为用运算放大器组成的回转器电路图。

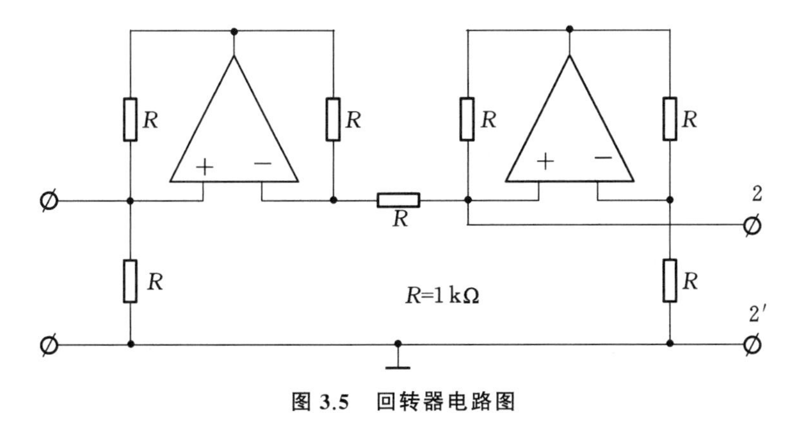

图 3.5 回转器电路图

三、实验设备(表 3.3)

表 3.3 实验设备

序号	名称	型号或规格	数量	备注
1	低频信号发生器	—	1	
2	交流电压表	0～600 V	1	
3	双踪示波器	—	1	
4	可变电阻箱	0～99999.9 Ω	1	DGJ-05
5	电容器	0.1 μF,1 μF	1	DGJ-08
6	电阻器	1 kΩ	1	DGJ-08
7	回转器实验电路板	G	1	DGJ-08

四、实验内容与步骤

实验线路如图 3.6 所示。R_s 跨接于 G 线路板左下部的两个插孔间。

1.在图 3.6 的 2-2′端接纯电阻负载(电阻箱),信号源频率固定在 1 kHz,信号源电压≤3 V。

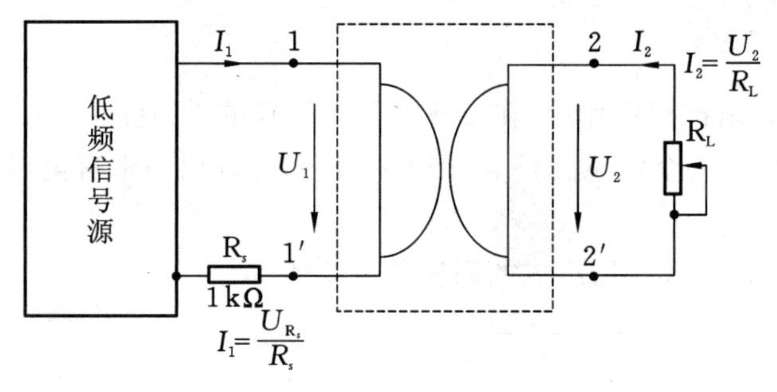

图 3.6 回转器负载电路

用交流电压表测量不同负载电阻 R_L 时的 U_1、U_2 和 U_{R_s},并计算相应的电流 I_1、I_2 和回转常数 g,一并记入表 3.4 中。

表 3.4 回转器测量数据

R_L/Ω	测量值			计算值				
	U_1/V	U_2/V	U_{R_s}/V	I_1/mA	I_2/mA	$g'=\frac{I_1}{U_2}$	$g''=\frac{I_2}{U_1}$	$g=\frac{g'+g''}{2}$
500								

续表3.4

R_L/Ω	测量值			计算值				
	U_1/V	U_2/V	U_{R_s}/V	I_1/mA	I_2/mA	$g'=\frac{I_1}{U_2}$	$g''=\frac{I_2}{U_1}$	$g=\frac{g'+g''}{2}$
1 k								
1.5 k								
2 k								
3 k								
4 k								
5 k								

2. 用双踪示波器观察回转器输入电压和输入电流之间的相位关系。按图3.7接线。信号源的高端接1端，低端(接地端)接M端，示波器的接地端接M端，Y_A、Y_B分别接1端(为电压波形)、1′端(为电流波形)。

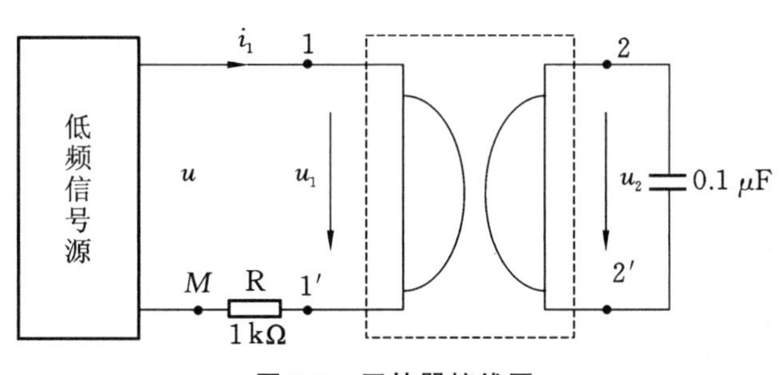

图3.7 回转器接线图

在2-2′端接电容负载$C=0.1\ \mu F$，取信号电压$U\leqslant 3\ V$，频率$f=1\ kHz$。观察i_1与u_1之间的相位关系是否具有感抗特征。

3. 测量等效电感

接线线路同步骤2(不接示波器)。取低频信号源输出电压$U\leqslant 3\ V$，并保持恒定。用交流电压表测量不同频率时的U_1、U_2、U_R值，并算出$I_1=U_R/1\ k\Omega$，$g=I_1/U_2$，$L'=U_1/(2\pi f I_1)$，$L=C/g_2$及误差$\Delta L=L'-L$，分析U、U_1、U_R之间的相量关系。将数据值记入表3.5中。

表3.5 等效电感测量数据

参数	频率/Hz										
	200	400	500	700	800	900	1000	1200	1300	1500	2000
U_1/V											

续表3.5

参数	频率/Hz										
	200	400	500	700	800	900	1000	1200	1300	1500	2000
U_2/V											
U_R/V											
I_1/mA											
g/Ω^{-1}											
L'/H											
L/H											
$\Delta L=L'-L$/H											

4. 用模拟电感组成 R、L、C 并联谐振电路。

用回转器作电感，与电容器 $C=1\ \mu F$ 构成并联谐振电路，如图 3.8 所示。

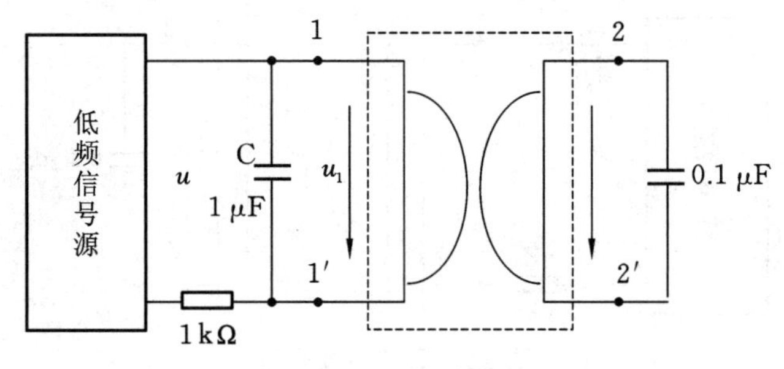

图 3.8　R、L、C 并联谐振电路

取 $U \leqslant 3$ V 并保持恒定，在不同频率时用交流毫伏表测量 1-1′端的电压 U_1，并找出谐振频率。

五、实验注意事项

1. 回转器的正常工作条件是 u 或 u_1、i_1 的波形必须是正弦波。为避免运放进入饱和状态使波形失真，输入电压不宜过大。

2. 实验过程中，示波器及交流毫伏表电源线应使用两线插头。

六、实验报告

1. 完成各项规定的实验内容(测试、计算、绘曲线等)。

2. 从各实验结果中总结回转器的性质、特点和应用。

3.3 互感电路观测

一、实验目的

1. 学会互感电路同名端、互感系数以及耦合系数的测定方法。
2. 理解两个线圈相对位置的改变,以及用不同材料作线圈芯时对互感的影响。

二、实验原理

1. 判断互感线圈同名端的方法

(1) 直流法

如图 3.9 所示,当开关 S 闭合瞬间,若毫安表的指针正偏,则可断定"1"、"3"为同名端;若毫安表的指针反偏,则"1"、"4"为同名端。

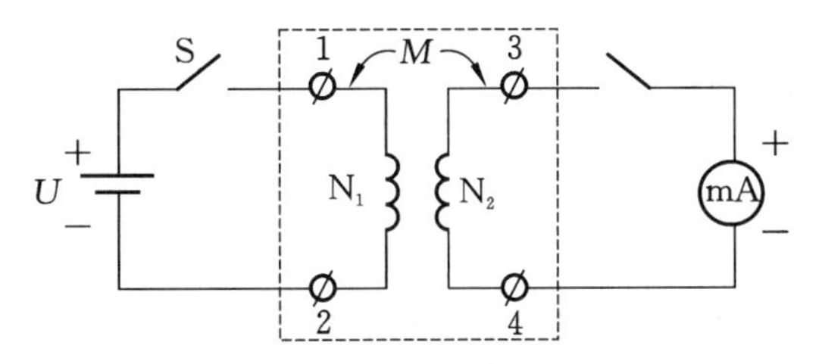

图 3.9 直流法电路图

(2) 交流法

如图 3.10 所示,将两个绕组 N_1 和 N_2 的任意两端(如 2、4 端)连在一起,在其中的一个绕组(如 N_1)两端加一个低电压,另一绕组(如 N_2)开路,用交流电压表分别测出端电压 U_{13}、U_{12} 和 U_{34}。若 U_{13} 是两个绕组端电压之差,则 1、3 是同名端;若 U_{13} 是两个绕组端电压之和,则 1、4 是同名端。

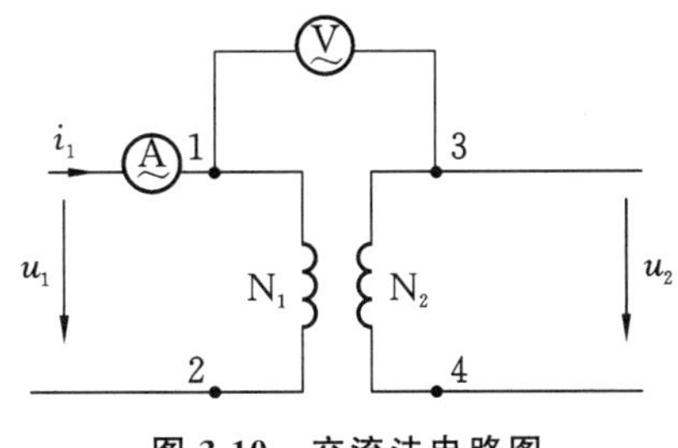

图 3.10 交流法电路图

2. 两线圈互感系数 M 的测定

在图 3.9 的 N_1 侧施加低压交流电压 U_1,测出 I_1 及 U_2。根据互感电势 $E_{2M} \approx U_{20} =$

ωMI_1，可算得互感系数为 $M=\dfrac{U_2}{\omega I_1}$。

3. 耦合系数 k 的测定

两个互感线圈耦合松紧的程度可用耦合系数 k 来表示，$k=M/\sqrt{L_1L_2}$。

如图 3.9 所示，先在 N_1 侧加低压交流电压 U_1，测出 N_2 侧开路时的电流 I_1；然后再在 N_2 侧加电压 U_2，测出 N_1 侧开路时的电流 I_2，求出各自的自感 L_1 和 L_2，即可算得 k 值。

三、实验设备(表 3.6)

表 3.6　实验设备

序号	名称	型号或规格	数量	备注
1	直流数字电压表	0～200 V	1	
2	直流数字毫安表	0～500 mA	1	
3	交流电压表	0～500 V	1	
4	交流电流表	0～5 A	1	
5	空心互感线圈	N_1 为大线圈 N_2 为小线圈	1 对	
6	自耦调压器	—	1	
7	直流稳压电源	0～30 V	1	
8	电阻器	51 Ω/8 W 510 Ω/2 W	各 1	
9	发光二极管	红或绿	1	
10	粗、细铁棒，铝棒	—	各 1	
11	变压器	36 V/220 V	1	

四、实验内容与步骤

1. 分别用直流法和交流法测定互感线圈的同名端。

(1) 直流法

实验线路如图 3.11 所示。先将 N_1 和 N_2 两线圈的四个接线端子编以 1、2 和 3、4 号。将 N_1、N_2 同心地套在一起，并放入细铁棒。U 为可调直流稳压电源，调至 10 V。流过 N_1 侧的电流不可超过 0.4 A(选用 5 A 量程的数字电流表测量)。N_2 侧直接接入 2 mA 量程的毫安表。将铁棒迅速地拔出和插入，观察毫安表读数正、负的变化，来判定 N_1 和 N_2 两个线圈的同名端。

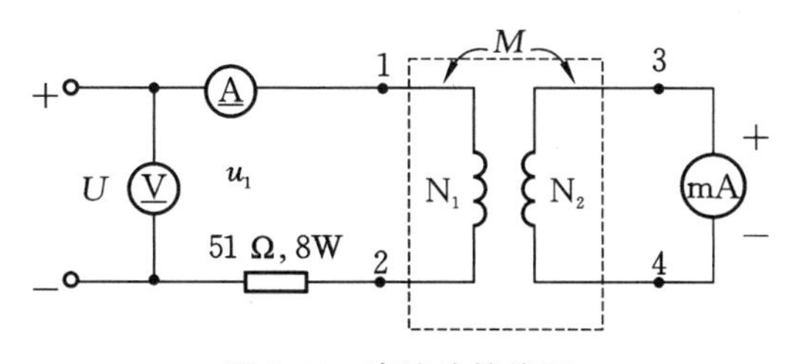

图 3.11 直流法接线图

(2) 交流法

本方法中，由于加在 N_1 上的电压较低，直接用屏内调压器很难调节，因此采用图 3.12 的线路来扩展调压器的调节范围。图中 W、N 为主屏上的自耦调压器的输出端，B 为升压铁芯变压器，此处作降压用。将 N_2 放入 N_1 中，并在两线圈中插入铁棒。电流表为 2.5 A 以上量程，N_2 侧开路。

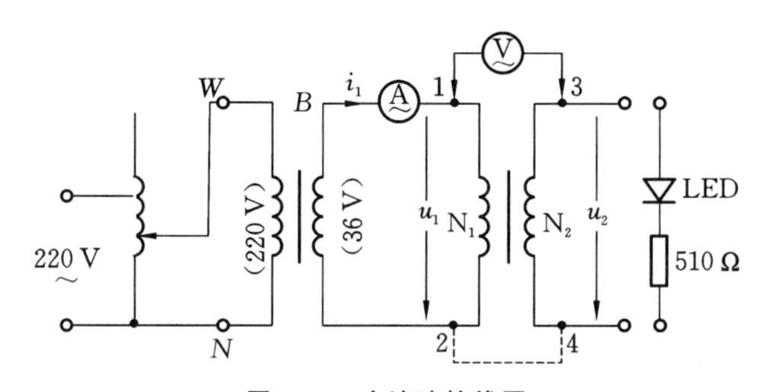

图 3.12 交流法接线图

接通电源前，应首先检查自耦调压器是否调至零位，确认后方可接通交流电源，令自耦调压器输出一个很低的电压(约 12 V 左右)，使流过电流表的电流小于 1.4 A，然后用交流电压表测量 U_{13}、U_{12}、U_{34}，判定同名端。

拆去 2、4 连线，并将 2、3 相接，重复上述步骤，判定同名端。

2. 拆除 2、3 连线，测 U_1、I_1、U_2，计算出 M。

3. 将低压交流加在 N_2 侧，使流过 N_2 侧电流小于 1 A，N_1 侧开路，按步骤 2 测出 U_2、I_2、U_1。

4. 用万用表的 R×1 挡分别测出 N_1 和 N_2 线圈的电阻值 R_1 和 R_2，计算 k 值。

5. 观察互感现象。

在图 3.12 的 N_2 侧接入 LED 发光二极管与 510 Ω 电阻(电阻箱)串联的支路。

(1) 将铁棒慢慢地从两线圈中抽出和插入，观察 LED 亮度的变化及各仪表读数的变化，记录现象。

(2) 将两线圈改为并排放置，并改变其间距，分别或同时插入铁棒，观察 LED 亮度的变化及仪表读数。

(3) 改用铝棒替代铁棒，重复(1)、(2)步骤，观察 LED 的亮度变化，记录现象。

五、实验注意事项

1. 整个实验过程中，注意流过线圈 N_1 的电流不得超过 1.4 A，流过线圈 N_2 的电流不得超过 1 A。

2. 测定同名端及其他测量数据的实验中，都应将小线圈 N_2 套在大线圈 N_1 中，并插入铁芯。

3. 做交流试验前，首先要检查自耦调压器，要保证手柄置在零位。因实验时加在 N_1 上的电压只有 2～3 V，因此调节时要特别仔细、小心，要随时观察电流表的读数，不得超过规定值。

六、预习思考题

1. 用直流法判断同名端时，可否以及如何根据 S 断开瞬间毫安表指针的正、反偏来判断同名端？

2. 本实验用直流法判断同名端是用插、拔铁芯时观察毫安表的正、负读数变化来确定的，这与实验原理中所叙述的方法是否一致？

七、实验报告

1. 总结互感线圈同名端、互感系数的实验测试方法。
2. 自拟测试数据表格，完成计算任务。
3. 解释实验中观察到的互感现象。
4. 写出心得体会及其他注意事项。

3.4　三相交流电路电压、电流的测量

一、实验目的

1. 掌握三相负载作星形连接、三角形连接的方法，学会这两种接法下线电压、相电压及线电流、相电流之间的关系。

2. 充分理解三相四线供电系统中中线的作用。

二、实验原理

1. 三相负载可接成星形（又称“Y”接）或三角形（又称“△”接）。当三相对称负载作星形连接时，线电压 U_L 是相电压 U_P 的$\sqrt{3}$倍。线电流 I_L 等于相电流 I_P，即

$$U_L = \sqrt{3}U_P,\quad I_L = I_P$$

在这种情况下，流过中线的电流 $I_0=0$，所以可以省去中线。由三相三线制电源供电，无中线的星形连接称为 Y 接法。

当对称三相负载作△连接时，有

$$I_L=\sqrt{3}I_P,\quad U_L=U_P$$

2. 不对称三相负载作星形连接时，必须采用三相四线制接法，即 Y_0 接法。而且中线必须牢固连接，以保证三相不对称负载的每相电压维持对称不变。

倘若中线断开，会导致三相负载电压的不对称，致使负载轻的那一相的相电压过高，使负载损坏；负载重的那一相相电压又过低，使负载不能正常工作。尤其是对于三相照明负载，无条件地一律采用 Y_0 接法。

3. 当不对称负载作△连接时，$I_L\neq\sqrt{3}I_P$，但只要电源的线电压 U_L 对称，加在三相负载上的电压仍是对称的，对各相负载工作没有影响。

三、实验设备(表 3.7)

表 3.7 实验设备

序号	名称	型号或规格	数量	备注
1	交流电压表	0～500 V	1	
2	交流电流表	0～5 A	1	
3	万用表	—	1	
4	三相自耦调压器	—	1	
5	三相灯组负载	220 V，25 W 白炽灯	9	
6	电流插座	—	3	

四、实验内容与步骤

1. 三相负载星形连接(三相四线制供电)

按图 3.13 线路连接实验电路，即三相灯组负载经三相自耦调压器接通三相对称电源。

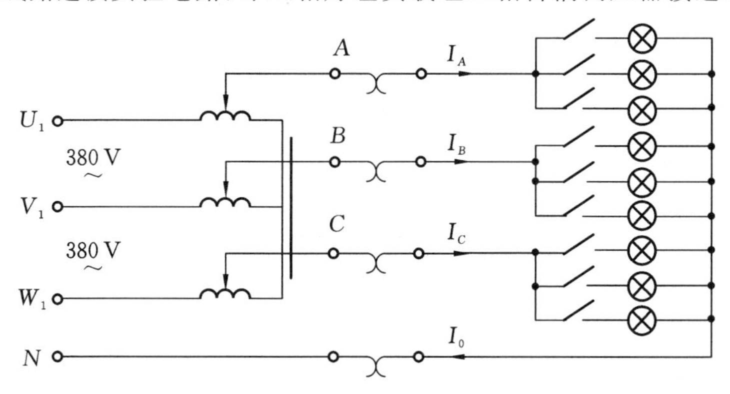

图 3.13 三相负载星形连接图

将三相调压器的旋柄置于输出为 0 V 的位置(即逆时针旋到底)。经指导教师检查合格后,方可开启实验台电源,然后调节调压器的输出,使输出的三相线电压为 220 V,分别测量三相负载的线电压、相电压、线电流、相电流、中线电流、电源与负载中点间的电压。将所测得的数据记入表 3.8 中,并观察各相灯组亮暗的变化程度,特别要注意观察中线的作用。

表 3.8　三相负载星形连接测量数据

实验内容(负载情况)	开灯盏数			线电流/A			线电压/V			相电压/V			中线电流 I_0 /A	中点电压 U_{N0} /V
	A 相	B 相	C 相	I_A	I_B	I_C	U_{AB}	U_{BC}	U_{CA}	U_{A0}	U_{B0}	U_{C0}		
Y_0 接平衡负载	3	3	3											
Y 接平衡负载	3	3	3											
Y_0 接不平衡负载	1	2	3											
Y 接不平衡负载	1	2	3											
Y_0 接 B 相断开	1	0	3											
Y 接 B 相断开	1	0	3											
Y 接 B 相短路	1	0	3											

2. 负载三角形连接(三相三线制供电)

按图 3.14 改接线路,经指导教师检查合格后接通三相电源,并调节调压器,使其输出线电压为 220 V,并按表 3.9 的内容进行测试。

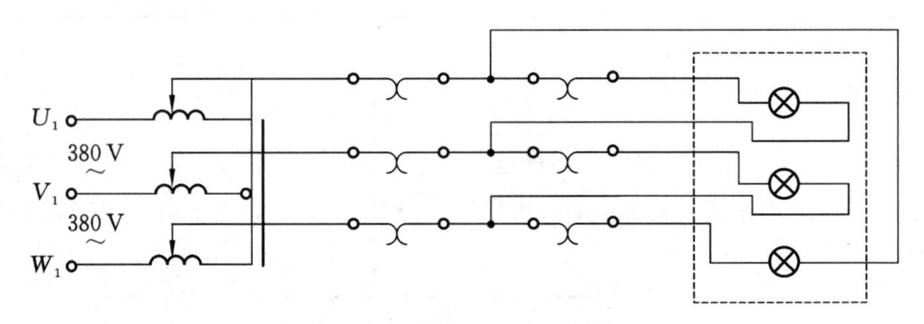

图 3.14　负载三角形连接图

表 3.9　负载三角形连接测量数据

负载情况	开灯盏数			线电压=相电压/V			线电流/A			相电流/A		
	A-B 相	B-C 相	C-A 相	U_{AB}	U_{BC}	U_{CA}	I_A	I_B	I_C	I_{AB}	I_{BC}	I_{CA}
三相平衡	3	3	3									
三相不平衡	1	2	3									

五、实验注意事项

1. 本实验采用三相交流市电，线电压为 380 V，应穿绝缘鞋进实验室。实验时要注意人身安全，不可触及导电部件，防止意外事故发生。

2. 每次接线完毕，同组同学应自查一遍，然后由指导教师检查后，方可接通电源，必须严格遵守先断电、再接线、后通电，先断电、后拆线的实验操作原则。

3. 星形负载做短路实验时，必须首先断开中线，以免发生短路事故。

4. 为避免烧坏灯泡，实验挂箱内设有过压保护装置。当任一相电压大于 245 V 时，即声光报警并跳闸。因此，在做 Y 接不平衡负载或缺相实验时，所加线电压应以最高相电压小于 240 V 为宜。

六、预习思考题

1. 三相负载根据什么条件作星形或三角形连接？

2. 复习三相交流电路有关内容，试分析三相星形连接不对称负载在无中线情况下，当某相负载开路或短路时会出现什么情况？如果接上中线，情况又如何？

3. 本次实验中为什么要通过三相调压器将 380 V 的市电线电压降为 220 V 的线电压使用？

七、实验报告

1. 用实验测得的数据验证对称三相电路中的$\sqrt{3}$关系。

2. 用实验数据和观察到的现象，总结三相四线供电系统中中线的作用。

3. 不对称三角形连接的负载，能否正常工作？实验是否能证明这一点？

4. 根据不对称负载三角形连接时的相电流值作相量图，并求出线电流值，然后与实验测得的线电流作比较，进行总结分析。

5. 写出心得体会及其他注意事项。

3.5 三相电路功率的测量

一、实验目的

1. 掌握用一瓦特表法、二瓦特表法测量三相电路有功功率与无功功率的方法。

2. 进一步熟练掌握功率表的接线和使用方法。

二、实验原理

1.对于三相四线制供电的三相星形连接的负载（即 Y_0 接法），可用一只功率表测量各相

的有功功率 P_A、P_B、P_C，则三相负载的总有功功率 $\sum P=P_A+P_B+P_C$。这就是一瓦特表法，如图 3.15 所示。若三相负载是对称的，则只需测量一相的功率，再乘以 3 即得三相总的有功功率。

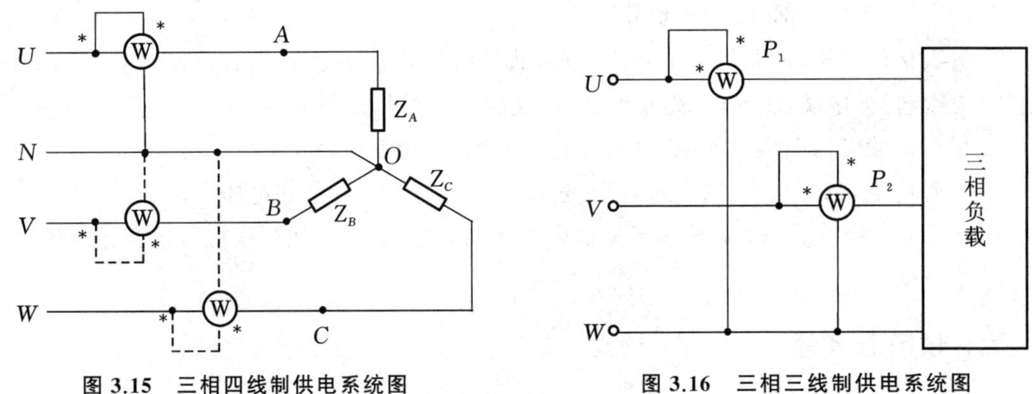

图 3.15　三相四线制供电系统图　　　　图 3.16　三相三线制供电系统图

2. 三相三线制供电系统中，不论三相负载是否对称，也不论负载是 Y 接还是△接，都可用二瓦特表法测量三相负载的总有功功率。测量线路如图 3.16 所示。若负载为感性或容性，且当相位差 $\varphi>60°$时，线路中的一只功率表指针将反偏（数字式功率表将出现负读数），这时应将功率表电流线圈的两个端子调换（不能调换电压线圈端子），其读数应记为负值，而三相总功率 $\sum P=P_1+P_2$。

测量线路，除了图 3.16 所示的测量 I_A、U_{AC} 与 I_B、U_{BC} 的接法外，还有测量 I_B、U_{AB} 与 I_C、U_{AC} 以及 I_A、U_{AB} 与 I_C、U_{BC} 两种接法。

3. 对于三相三线制供电的三相对称负载，可用一瓦特表法测得三相负载的总无功功率 Q，测试原理线路如图 3.17 所示。

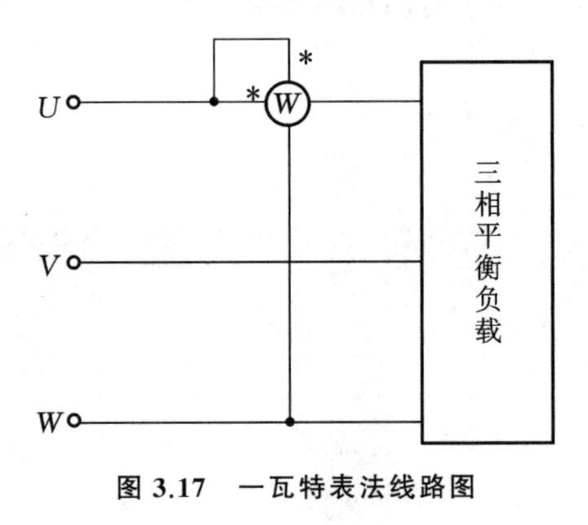

图 3.17　一瓦特表法线路图

图示功率表读数的$\sqrt{3}$倍，即为对称三相电路总的无功功率。除了图 3.17 给出的一种连接法（测量 I_U、U_{VW}）外，还有另外两种连接法，即测量 I_V、U_{UW} 或 I_W、U_{UV} 的连接法。

三、实验设备(表 3.10)

表 3.10 实验设备

序号	名称	型号或规格	数量	备注
1	交流电压表	0～500 V	1	
2	交流电流表	0～5 A	1	
3	单相功率表	—	2	
4	万用表	—	1	
5	三相自耦调压器	—	1	
6	三相灯组负载	220 V,25 W 白炽灯	9	
7	三相电容负载	1 μF,2.2 μF,4.7 μF/ 500 V	各 3	

四、实验内容与步骤

1. 用一瓦特表法测定三相对称 Y_0 接以及不对称 Y_0 接负载的总功率 $\sum P$。实验按图 3.18 线路接线。线路中的电流表和电压表用以监视该相的电流和电压,使其不要超过功率表电压和电流的量程。

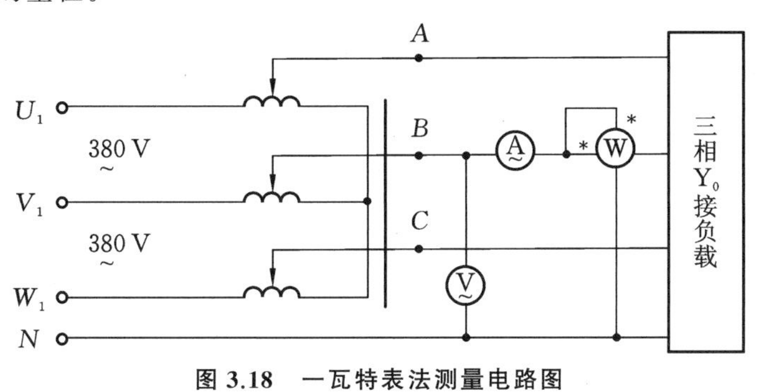

图 3.18 一瓦特表法测量电路图

经指导教师检查后,接通三相电源,调节调压器输出,使输出线电压为 220 V,按表 3.11 的要求进行测量及计算。

表 3.11 一瓦特表法测量数据

负载情况	开灯盏数			测量数据			计算值
	A 相	B 相	C 相	P_A/W	P_B/W	P_C/W	$\sum P$/W
Y_0 接对称负载	3	3	3				
Y_0 接不对称负载	1	2	3				

首先将三只表按图 3.18 所示接入 B 相进行测量，然后分别将三只表换接到 A 相和 C 相，再进行测量。

2. 用二瓦特表法测定三相负载的总功率

(1) 按图 3.19 接线，将三相灯组负载接成 Y 接法。

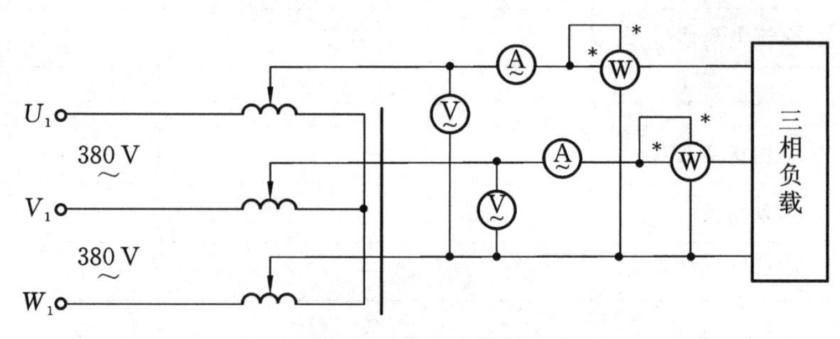

图 3.19　二瓦特表法测量电路图

经指导教师检查后，接通三相电源，调节调压器的输出线电压为 220 V，按表 3.12 的内容进行测量。

(2) 将三相灯组负载改成△接法，重复(1)的测量步骤，数据记入表 3.12 中。

表 3.12　二瓦特表法测量数据

负载情况	开灯盏数			测量数据		计算值
	A 相	B 相	C 相	P_1/W	P_2/W	$\sum P$/W
Y 接平衡负载	3	3	3			
Y 接不平衡负载	1	2	3			
△接不平衡负载	1	2	3			
△接平衡负载	3	3	3			

(3) 将两只瓦特表依次按另外两种接法接入线路，重复(1)、(2)的测量。(表格自拟)

3. 用一瓦特表法测定三相对称星形负载的无功功率，按图 3.20 所示的电路接线。

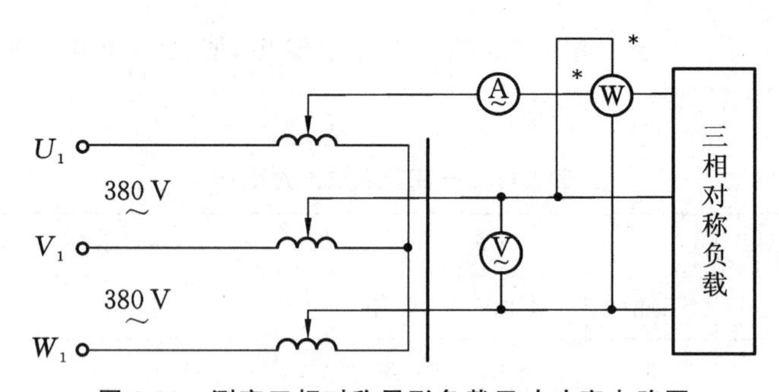

图 3.20　测定三相对称星形负载无功功率电路图

(1) 每相负载由白炽灯和电容器并联而成，并由开关控制其接入。检查接线无误后，接通三相电源，将调压器的输出线电压调到220 V，读取三表的读数，并计算无功功率 $\sum Q$，记入表3.13中。

(2) 分别按测量 I_V、U_{WU} 和测量 I_W、U_{UV} 接法，重复(1)的测量，并比较各自的 $\sum Q$ 值。

表3.13 三相对称星形负载无功功率测量数据

接法	负载情况	测量值			计算值
		U/V	I/A	Q/(V·A)	$\sum Q=\sqrt{3}Q$
测量 I_U、U_{VW}	(1) 三相对称灯组(每相开3盏)				
	(2) 三相对称电容器(每相4.7 μF)				
	(3) (1)、(2)的并联负载				
测量 I_V、U_{WU}	(1) 三相对称灯组(每相开3盏)				
	(2) 三相对称电容器(每相4.7 μF)				
	(3) (1)、(2)的并联负载				
测量 I_W、U_{UV}	(1) 三相对称灯组(每相开3盏)				
	(2) 三相对称电容器(每相4.7 μF)				
	(3) (1)、(2)的并联负载				

五、实验注意事项

每次实验完毕，均需将三相调压器旋柄调回零位。每次改变接线，均需断开三相电源，以确保人身安全。

六、预习思考题

1. 复习二瓦特表法测量三相电路有功功率的原理。
2. 复习一瓦特表法测量三相对称负载无功功率的原理。
3. 测量功率时为什么在线路中通常都接有电流表和电压表？

七、实验报告

1. 完成数据表格中的各项测量和计算任务。比较一瓦特表法和二瓦特表法的测量结果。
2. 总结、分析三相电路功率测量的方法与结果。
3. 写出心得体会及其他注意事项。

3.6 单相电度表的校验

一、实验目的

1. 掌握电度表的接线方法。
2. 学会电度表的校验方法。

二、实验原理

1. 电度表是一种感应式仪表，是根据交变磁场在金属中产生感应电流，从而产生转矩的基本原理而工作的仪表，主要用于测量交流电路中的电能。它的指示器能随着电能的不断增大（也就是随着时间的延续）而连续地转动，从而能随时反映出电能积累的总数值。因此，它的指示器是一个“积算机构”，是将转动部分通过齿轮传动机构折换为被测电能的数值，由数字及刻度直接指示出来。

电度表的驱动元件是由电压铁芯线圈和电流铁芯线圈在空间上、下排列，中间隔以铝制的圆盘。驱动两个铁芯线圈的交流电，建立起合成的特殊分布的交变磁场，并穿过铝盘，在铝盘上产生感应电流。该电流与磁场的相互作用产生转动力矩驱使铝盘转动。铝盘上方装有一个永久磁铁，其作用是对转动的铝盘产生制动力矩，使铝盘转速与负载功率成正比。因此，在某一段测量时间内，负载所消耗的电能 W 就与铝盘的转数 n 成正比，即 $N=\frac{n}{W}$，比例系数 N 称为电度表常数，常在电度表上标明，其单位是 r/(kW·h)。

2. 电度表的灵敏度是指在额定电压、额定频率及 $\cos\phi=1$ 的条件下，从零开始调节负载电流，测出铝盘开始转动的最小电流值 $I_{\min}$，则仪表的灵敏度表示为 $S=\frac{I_{\min}}{I_N}\times 100\%$，式中的 I_N 为电度表的额定电流；$I_{\min}$ 通常较小，约为 I_N 的 0.5%。

3. 电度表的潜动是指负载电流等于零时，电度表仍出现缓慢转动的现象。按照规定，无负载电流时，在电度表的电压线圈上施加其额定电压的 110%（达 242 V）时，观察其铝盘的转动是否超过一圈。凡超过一圈者，判为潜动不合格。

三、实验设备（表 3.14）

表 3.14 实验设备

序号	名称	型号或规格	数量	备注
1	电度表	1.5(6) A	1	
2	单相功率表	—	1	

续表3.14

序号	名称	型号或规格	数量	备注
3	交流电压表	0～500 V	1	
4	交流电流表	0～5 A	1	
5	自耦调压器	—	1	
6	白炽灯	220 V,100 W	3	
7	灯泡、灯泡座	220 V,25 W	9	
8	秒表	—	1	

四、实验内容与步骤

记录被校验电度表的数据:额定电流 $I_N=$________,额定电压 $U_N=$________,电度表常数 $N=$________,准确度为________。

1. 校验电度表的准确度

按图 3.21 所示接线。电度表的接线与功率表的接线相同,其电流线圈与负载串联,电压线圈与负载并联。

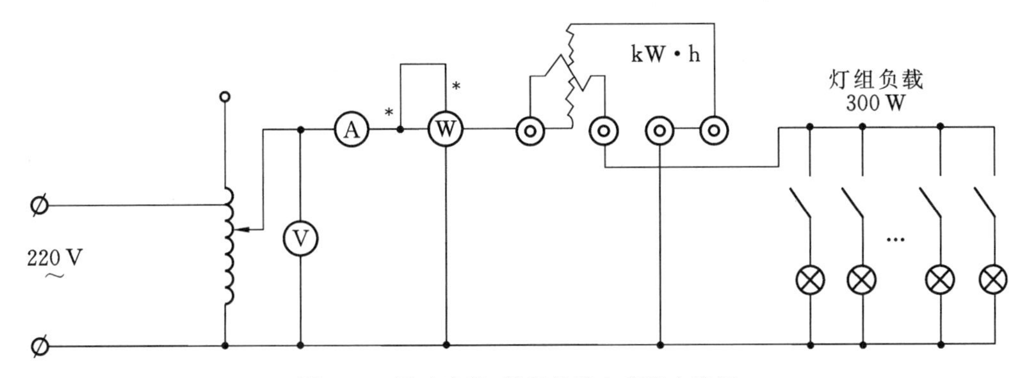

图 3.21 用功率表、秒表校验电度表电路图

线路经指导教师检查无误后,接通电源。将调压器的输出电压调到 220 V,按表 3.15 的要求接通灯组负载,用秒表定时记录电度表转盘的转数及记录各仪表的读数。

为了准确地计时及记转数,可将电度表转盘上的一小段着色标记刚出现(或刚结束)时作为秒表计时的开始,并同时读出电度表的起始读数。此外,为了能记录整数转数,可先预定好转数,待电度表转盘刚转完此转数时,作为秒表测定时间的终点,并同时读出电度表的终止读数。所有数据记入表 3.15 中。

建议 n 取 24 圈,则带 300 W 负载时,电度表转 24 圈需时 2 分钟左右。

为了数据的准确性,可重复多做几次实验。

表 3.15　校验电度表准确度测量数据

<table>
<tr><td rowspan="3">负载情况</td><td colspan="8">测量值</td><td colspan="3">计算值</td></tr>
<tr><td rowspan="2">U/V</td><td rowspan="2">I/A</td><td colspan="3">电表读数/(kW·h)</td><td rowspan="2">时间/s</td><td rowspan="2">转数 n</td><td rowspan="2">计算电能 W'/(kW·h)</td><td rowspan="2">$\Delta W/W'$/%</td><td rowspan="2">电度表常数 N</td></tr>
<tr><td>起</td><td>止</td><td>ΔW</td></tr>
<tr><td>300 W</td><td></td><td></td><td></td><td></td><td></td><td></td><td></td><td></td><td></td><td></td><td></td></tr>
<tr><td>300 W</td><td></td><td></td><td></td><td></td><td></td><td></td><td></td><td></td><td></td><td></td><td></td></tr>
</table>

2. 电度表灵敏度的测试

电度表灵敏度的测试要用到专用的变阻器，实验室一般都不具备。此处可将图 3.21 中的灯组负载改成三组灯组相串联，并全部用 220 V、25 W 灯泡。再在电度表与灯组负载之间串接电阻。电阻取自挂箱上的 8 W 电阻(6.2 kΩ、10 kΩ 等电阻串联)。所串电阻不能小于 6.2 kΩ，否则会烧坏电阻。每组先接通一个灯泡，接通 220 V 后看电度表转盘是否开始转动。然后逐个增加灯泡或者减少电阻，直到转盘开转。则这时电流表的读数可大致作为其灵敏度。请同学们自行估算其误差。

做此实验前应使电度表转盘的着色标记处于可看见的位置。由于负载很小，转盘的转动很缓慢，必须耐心观察。

3. 检查电度表的潜动是否合格

断开电度表的电流线圈回路，调节调压器的输出电压为额定电压的 110%(即 242 V)，仔细观察电度表的转盘有否转动。一般允许有缓慢地转动。若转动不超过一圈即停止，则该电度表的潜动为合格，反之则不合格。

实验前应使电度表转盘的着色标记处于可看见的位置。由于“潜动”非常缓慢，要观察正常的电度表“潜动”是否超过一圈，需要一小时以上。

五、实验注意事项

1. 本实验台配有一只电度表，实验时，只要将电度表挂在挂箱上的相应位置，并用螺母紧固即可。

2. 记录时，同组同学要密切配合。秒表定时、读取转数和电度表读数步调要一致，以确保测量的准确性。

3. 实验中用到 220 V 强电，操作时应注意安全。凡需改动接线，必须切断电源，接好线后，检查无误后才能通电。

六、预习思考题

1. 查找有关资料，了解电度表的结构、原理及其检定方法。

2. 电度表接线有哪些错误接法，会造成什么后果？

七、实验报告

1. 对被校电度表的各项技术指标作出评论。
2. 写出对校表工作的体会。
3. 写出其他注意事项。

3.7 功率因数及相序的测量

一、实验目的

1. 掌握三相交流电路相序的测量方法。
2. 熟悉功率因数表的使用方法，了解负载性质对功率因数的影响。

二、实验原理

图 3.22 所示为相序指示器电路，用以测定三相电源的相序 A、B、C(或 U、V、W)。它是由一个电容器和两个电灯连接成的星形不对称三相负载电路。如果电容器所接的是 A 相，则灯光较亮的是 B 相，较暗的是 C 相。相序是相对的，任何一相均可作为 A 相。但 A 相确定后，B 相和 C 相也就确定了。

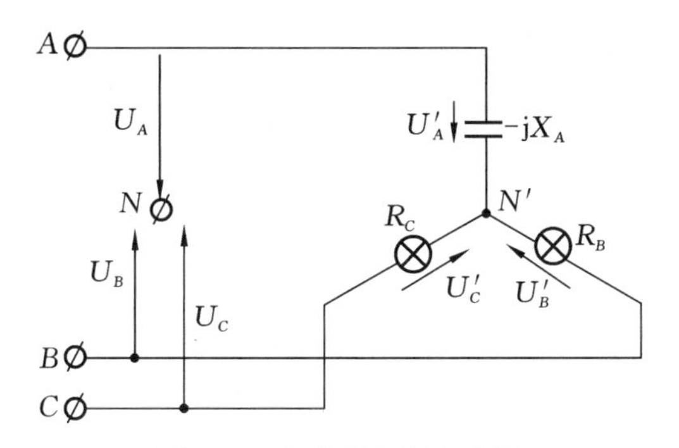

图 3.22 相序指示器电路图

为了分析问题简单起见，设

$$X_C=R_B=R_C=R,\quad U_A=U_P\angle 0^\circ$$

则

$$U_{N'N}=\frac{U_P\left(\frac{1}{-\mathrm{j}R}\right)+U_P\left(-\frac{1}{2}-\mathrm{j}\frac{\sqrt{3}}{2}\right)\left(\frac{1}{R}\right)+U_P\left(-\frac{1}{2}+\mathrm{j}\frac{\sqrt{3}}{2}\right)\left(\frac{1}{R}\right)}{-\frac{1}{\mathrm{j}R}+\frac{1}{R}+\frac{1}{R}}$$

$$\dot{U}'_B=\dot{U}_B-\dot{U}_{N'N}=U_P\left(-\frac{1}{2}-\mathrm{j}\frac{\sqrt{3}}{2}\right)-U_P(-0.2+\mathrm{j}0.6)$$
$$=U_P(-0.3-\mathrm{j}1.466)$$
$$=1.49\angle -101.6^\circ U_P$$

$$\dot{U}'_C=\dot{U}_C-\dot{U}_{N'N}=U_P\left(-\frac{1}{2}+\mathrm{j}\frac{\sqrt{3}}{2}\right)-U_P(-0.2+\mathrm{j}0.6)$$
$$=U_P(-0.3+\mathrm{j}0.266)$$
$$=0.4\angle -138.4^\circ U_P$$

由于 $\dot{U}'_B>\dot{U}'_C$，故 B 相灯光较亮。

三、实验设备(表 3.16)

表 3.16 实验设备

序号	名称	型号或规格	数量	备注
1	单相功率表	—	1	
2	交流电压表	0～500 V	1	
3	交流电流表	0～5 A	1	
4	白炽灯组负载	25 W，220 V	3	
5	电感线圈	30 W 镇流器	1	
6	电容器	1 μF，4.7 μF	1	

四、实验内容与步骤

1. 相序的测定

(1) 用 220 V、25 W 白炽灯和 1 μF、500 V 电容器，按图 3.22 接线，经三相调压器接入线电压为 220 V 的三相交流电源，观察两只灯泡的亮、暗，判断三相交流电源的相序。

(2) 将电源线任意调换两相后再接入电路，观察两灯的明亮状态，判断三相交流电源的相序。

2. 电路功率(P)和功率因数($\cos\phi$)的测定

按图 3.23 接线，按表 3.17 所述在 A、B 间接入不同器件，记录各参数值，并分析负载性质。

说明：C 为 4.7 μF、500 V 电容，L 为 30 W 日光灯镇流器。

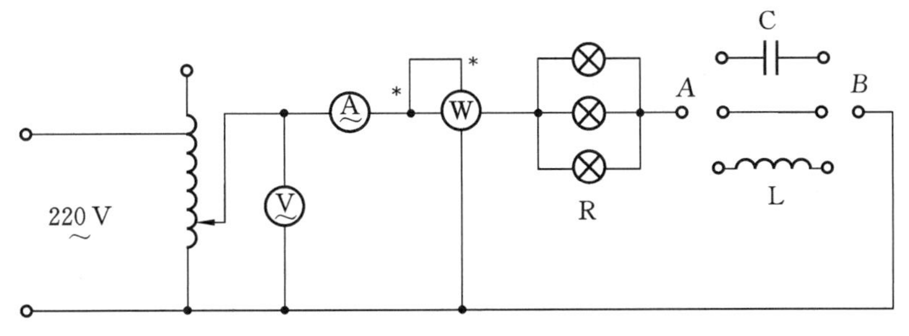

图 3.23　电路功率和功率因数测定电路图

表 3.17　电路功率和功率因数测定测量数据

A、B 间接入	U/V	U_R/V	U_L/V	U_C/V	I/A	P/W	$\cos\phi$	负载性质
短接								
C								
L								
L 和 C(并联)								

五、实验注意事项

每次改接线路都必须先断开电源。

六、预习思考题

根据电路理论,分析图 3.22 检测相序的原理。

七、实验报告

1. 简述实验线路的相序检测原理。
2. 根据电压表、电流表、功率表测定的数据,计算出 $\cos\phi$,并与功率因数表的读数比较,分析误差原因。
3. 分析负载性质与 $\cos\phi$ 的关系。
4. 写出心得体会及其他注意事项。

3.8　三相鼠笼式异步电动机正反转设计

一、实验目的

1. 能设计三相鼠笼式异步电动机正反转控制线路,掌握根据电气原理图接成实际操作电路的方法。

2. 加深对电气控制系统各种保护、自锁、互锁等环节的理解。

3. 学会分析、排除继电器-接触器控制线路故障的方法。

二、实验原理

在三相鼠笼式异步电动机正反转控制线路中，通过相序的更换来改变电动机的旋转方向。本实验给出两种不同的正、反转控制线路，如图 3.24、图 3.25 所示，具有如下特点：

1. 电气互锁

为了避免接触器 KM1（正转）、KM2（反转）同时得电吸合造成三相电源短路，在 KM1（KM2）线圈支路中串接有 KM2（KM1）动断触头，它们保证了线路工作时 KM1、KM2 不会同时得电（图 3.24），以达到电气互锁目的。

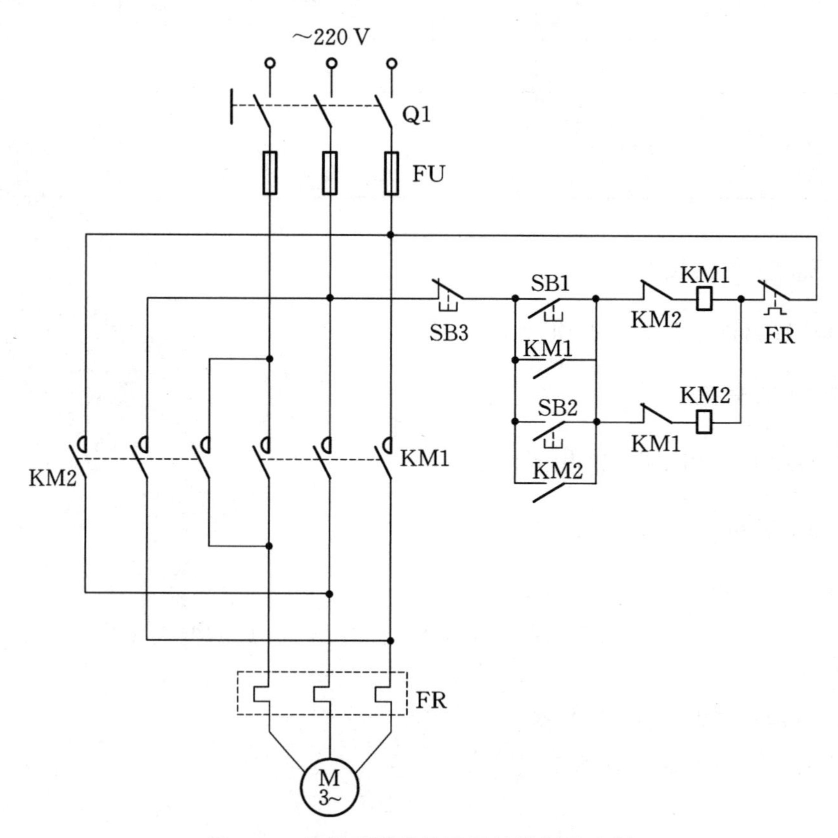

图 3.24　接触器联锁的正反转控制线路图

2. 电气和机械双重互锁

除电气互锁外，可再采用复合按钮 SB1 与 SB2 组成的机械互锁环节（图 3.25），以求线路工作更加可靠。

3. 线路具有短路保护、过载保护、失压保护、欠压保护等功能。

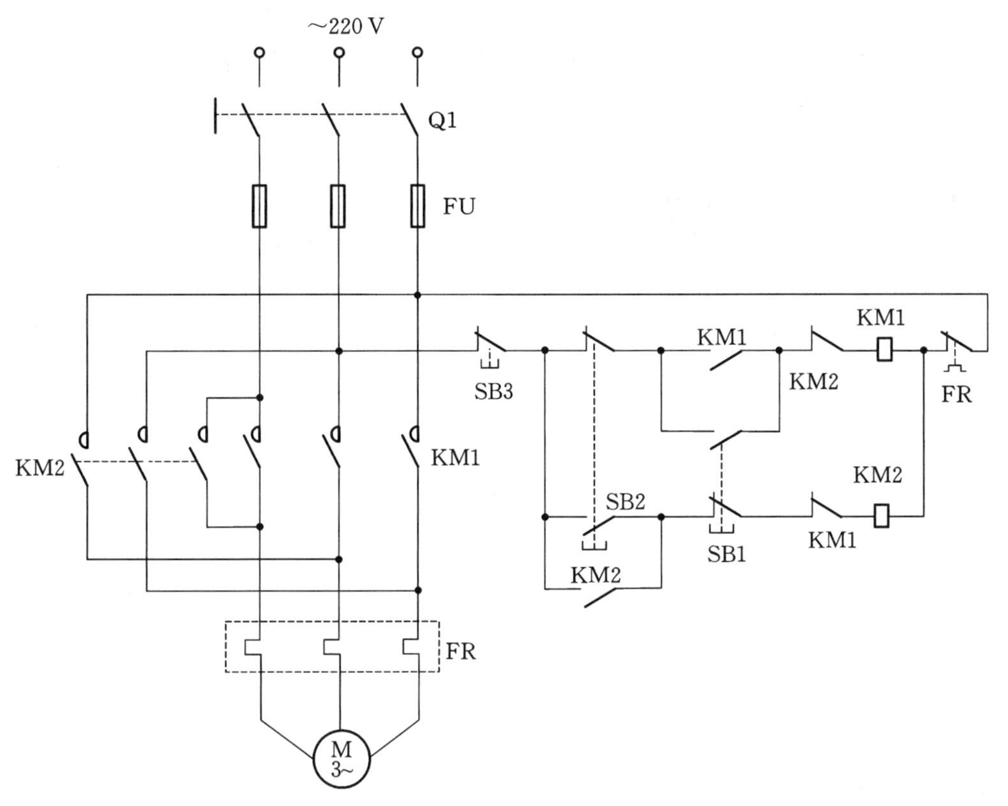

图 3.25　接触器和按钮双重联锁的正反转控制线路图

三、实验设备(表 3.18)

表 3.18　实验设备

序号	名称	型号或规格	数量	备注
1	三相交流电源	220 V	1	
2	三相鼠笼式异步电动机	DJ24	1	
3	交流接触器	JZC4-40	2	
4	按钮	—	3	
5	热继电器	D9305d	1	
6	交流电压表	0～500 V	1	
7	万用表	—	1	

四、实验内容与步骤

认识各电器的结构、图形符号、接线方法；抄录电动机及各电器铭牌数据；并用万用表欧姆挡检查各电器线圈、触头是否完好。

三相鼠笼式异步电动机采用△接法；实验线路电源端接三相自耦调压器输出端 U、V、W，供电线电压为 220 V。

1. 接触器联锁的正反转控制线路

按图 3.24 接线，经指导教师检查后，方可进行通电操作。

(1) 开启控制屏电源总开关，按启动按钮，调节调压器输出，使输出线电压为 220 V。

(2) 按正向启动按钮 SB1，观察并记录电动机的转向和接触器的运行情况。

(3) 按反向启动按钮 SB2，观察并记录电动机的转向和接触器的运行情况。

(4) 按停止按钮 SB3，观察并记录电动机的转向和接触器的运行情况。

(5) 再按 SB2，观察并记录电动机的转向和接触器的运行情况。

(6) 实验完毕，按控制屏停止按钮，切断三相交流电源。

2. 接触器和按钮双重联锁的正反转控制线路

按图 3.25 接线，经指导教师检查后，方可进行通电操作。

(1) 按控制屏启动按钮，接通 220 V 三相交流电源。

(2) 按正向启动按钮 SB1，电动机正向启动，观察电动机的转向及接触器的动作情况。按停止按钮 SB3，使电动机停转。

(3) 按反向启动按钮 SB2，电动机反向启动，观察电动机的转向及接触器的动作情况。按停止按钮 SB3，使电动机停转。

(4) 按正向(或反向)启动按钮，电动机启动后，再去按反向(或正向)启动按钮，观察有何情况发生。

(5) 电动机停稳后，同时按正、反向两只启动按钮，观察有何情况发生。

(6) 失压与欠压保护

① 按启动按钮 SB1(或 SB2)，电动机启动后，按控制屏停止按钮，断开实验线路三相电源，模拟电动机失压(或零压)状态，观察电动机与接触器的动作情况，随后，再按控制屏上启动按钮，接通三相电源，但不按 SB1(或 SB2)，观察电动机能否自行启动。

② 重新启动电动机后，逐渐减小三相自耦调压器的输出电压，直至接触器释放，观察电动机是否自行停转。

(7) 过载保护

打开热继电器的后盖，当电动机启动后，人为地拨动热继电器双金属片模拟电动机过载情况，观察电机、电器动作情况。

注意：此项内容，较难操作且有危险，可由指导教师示范操作。

实验完毕，将自耦调压器调回零位，按控制屏停止按钮，切断实验线路电源。

五、实验注意事项

1. 接通电源后，按启动按钮(SB1 或 SB2)，接触器吸合，但电动机不转且发出“嗡嗡”声响;或者虽能启动,但转速很慢。这种故障大多是主回路一相断线或电源缺相。

2. 接通电源后,按启动按钮(SB1 或 SB2),若接触器通断频繁,且发出连续的噼啪声或吸合不牢,发出颤动声,此类故障原因可能是:

(1) 线路接错,将接触器线圈与自身的动断触头串在一条回路上了。

(2) 自锁触头接触不良,时通时断。

(3) 接触器铁芯上的短路环脱落或断裂。

(4) 电源电压过低或与接触器线圈电压等级不匹配。

六、预习思考题

1. 在电动机正、反转控制线路中,为什么必须保证两个接触器不能同时工作?采用哪些措施可解决此问题,这些方法有何利弊,最佳方案是什么?

2. 在控制线路中,短路保护、过载保护、失压保护、欠压保护等功能是如何实现的?在实际运行过程中,这几种保护有何意义?

七、实验报告

1. 简述实验线路设计过程。

2. 分析线路故障原因。

3. 写出心得体会及其他注意事项。

3.9 三相鼠笼式异步电动机 Y—△降压启动设计

一、实验目的

1. 进一步提高按图接线的能力。

2. 了解时间继电器的结构、使用方法、延时时间的调整及在控制系统中的应用。

3. 熟悉异步电动机 Y—△降压启动控制的运行情况和操作方法。

二、实验原理

1. 按时间原则控制电路的特点是各个电器动作之间有一定的时间间隔,使用的元件主要是时间继电器。时间继电器是一种延时动作的继电器,它从接收信号(如线圈带电)到执行动作(如触点动作)具有一定的时间间隔。此时间间隔可按需要预先设定,以协调和控制生产机械的各种动作。时间继电器的种类通常有电磁式、电动式、空气式和电子式等。其基本功能可分为两类,即通电延时式和断电延时式,有的还带有瞬时动作式的触头。

时间继电器的延时时间通常可在 0.4～80 s 范围内调节。

2. 按时间原则控制三相鼠笼式异步电动机 Y—△降压自动换接启动的控制线路如图 3.26 所示。

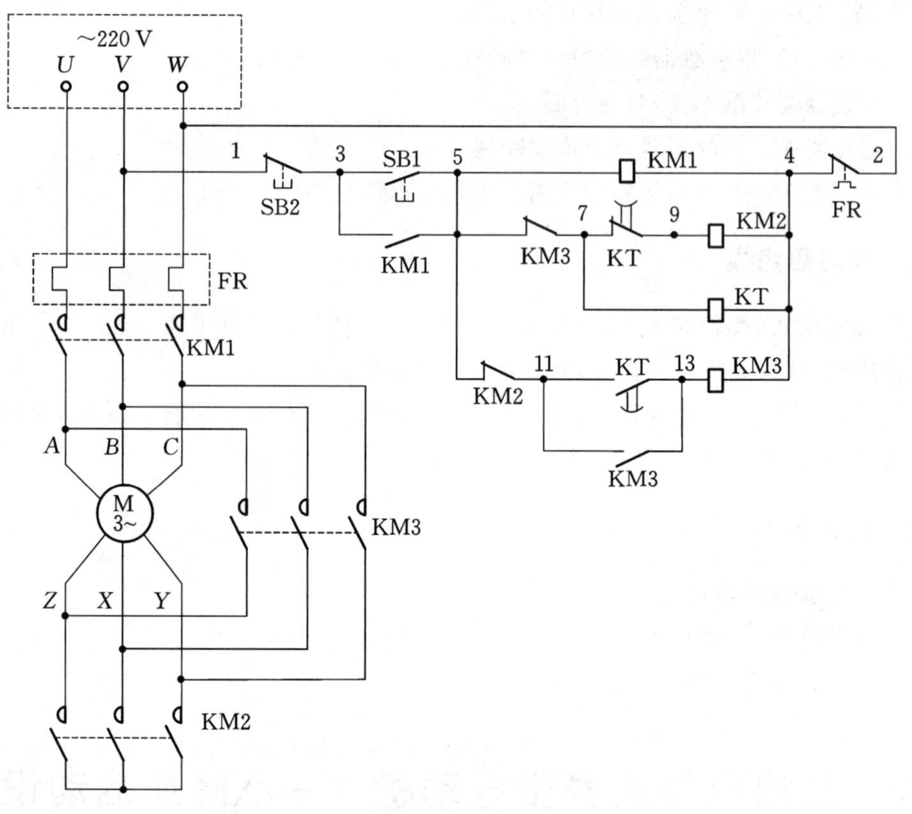

图 3.26　Y—△降压自动换接启动的控制线路图

从主回路看，当接触器 KM1、KM2 主触头闭合，KM3 主触头断开时，电动机三相定子绕组作 Y 连接；而当接触器 KM1 和 KM3 主触头闭合，KM2 主触头断开时，电动机三相定子绕组作△连接。因此，所设计的控制线路若能先使 KM1 和 KM2 得电闭合，后经一定时间的延时，使 KM2 失电断开，而后使 KM3 得电闭合，则电动机就能实现降压启动后自动转换到正常工作运转。图 3.26 的控制线路能满足上述要求。该线路具有以下特点：

(1) 接触器 KM3 与 KM2 通过动断触头 KM3(5-7)与 KM2(5-11)实现电气互锁，保证 KM3 与 KM2 不会同时得电，以防止三相电源的短路事故发生。

(2) 依靠时间继电器 KT 延时动合触头(11-13)的延时闭合作用，保证在按下 SB1 后，使 KM2 先得电，并依靠 KT(7-9)先断开，KT(11-13)后闭合的动作次序，保证 KM2 先断开，而后再自动接通 KM3，也避免了换接时电源可能发生的短路事故。

(3) 本线路正常运行(△连接)时，接触器 KM2 及时间继电器 KT 均处于断电状态。

(4) 由于实验装置提供的三相鼠笼式异步电动机每相绕组额定电压为 220 V，而 Y—△换接启动的使用条件是正常运行时电机必须作△连接，故实验时，应将自耦调压器输出端 (U、V、W)电压调至 220 V。

三、实验设备(表 3.19)

表 3.19 实验设备

序号	名　　称	型号或规格	数量	备注
1	三相交流电源	220 V	1	
2	三相鼠笼式异步电动机	DJ24	1	
3	交流接触器	JZC4-40	2	
4	时间继电器	ST3PA-B	1	
5	按钮	—	1	
6	热继电器	D9305d	1	
7	万用表	—	1	
8	切换开关	三刀双掷	1	

四、实验内容与步骤

1. 时间继电器控制 Y—△自动降压启动线路

打开挂箱的面板,观察空气阻尼式时间继电器的结构,认清其电磁线圈和延时动合、动断触头的接线端子。用手推动时间继电器衔铁模拟继电器通电吸合动作,用万用表欧姆挡测量触头的通与断,以此来大致判定触头延时动作的时间。通过调节进气孔螺钉,即可整定所需的延时时间。

实验线路电源端接自耦调压器输出端(U、V、W),供电线电压为 220 V。

(1) 按图 3.26 线路进行接线,先接主回路后接控制回路。要求按图示的节点编号从左到右、从上到下,逐行连接。

(2) 在不通电的情况下,用万用表欧姆挡检查线路连接是否正确,特别注意 KM2 与 KM3 两个互锁触头 KM3(5-7)与 KM2(5-11)是否正确接入。经指导教师检查后,方可通电。

(3) 开启控制屏电源总开关,按控制屏启动按钮,接通 220 V 三相交流电源。

(4) 按启动按钮 SB1,观察电动机的整个启动过程及各继电器的动作情况,记录 Y—△换接所需时间。

(5) 按停止按钮 SB2,观察电机及各继电器的动作情况。

(6) 调整时间继电器的整定时间,观察接触器 KM2、KM3 的动作时间是否相应地改变。

(7) 实验完毕,按控制屏停止按钮,切断实验线路电源。

2. 接触器控制 Y—△降压启动线路

按图 3.27 线路接线,经指导教师检查后,方可进行通电操作。

(1) 按控制屏启动按钮,接通 220 V 三相交流电源。

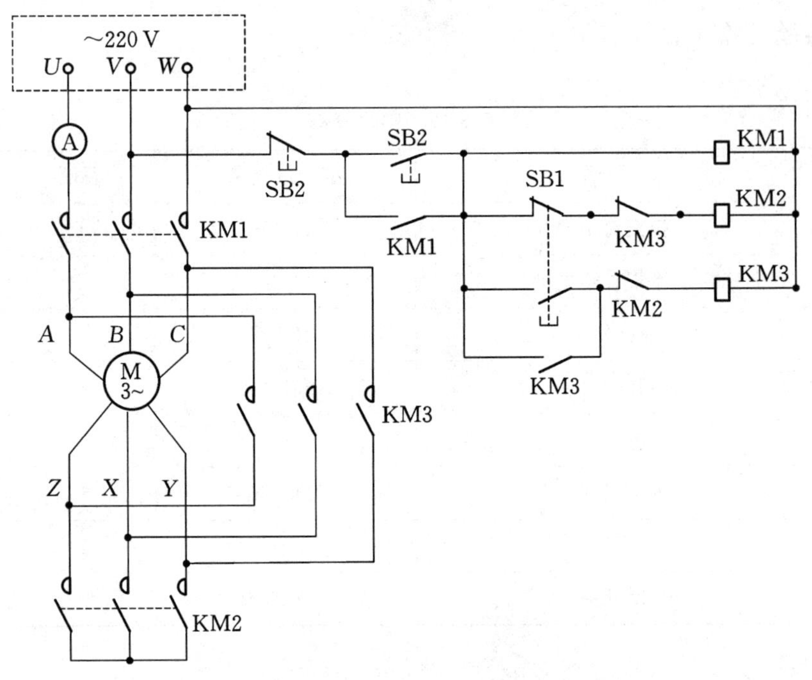

图 3.27　接触器控制 Y—△降压启动线路图

(2) 按下按钮 SB2,电动机作 Y 连接启动,注意观察启动时,电流表最大读数 $I_{Y启动}=$ ________ A。

(3) 稍后,待电动机转速接近正常转速时,按下按钮 SB1,使电动机为△连接当正常运行。

(4) 按停止按钮 SB3,电动机断电停止运行。

(5) 先按按钮 SB2,再按按钮 SB1,观察电动机在△连接直接启动时的电流表最大读数 $I_{\triangle启动}=$ ________ A。

(6) 实验完毕,将三相自耦调压器调回零位,按控制屏停止按钮,切断实验线路电源。

3. 手动控制 Y—△降压启动控制线路

按图 3.28 线路接线。

(1) 开关 Q2 合向上方,使电动机为△连接。

(2) 按控制屏启动按钮,接通 220 V 三相交流电源,观察电动机在△连接直接启动时,电流表最大读数 $I_{\triangle启动}=$ ________ A。

(3) 按控制屏停止按钮,切断三相交流电源,待电动机停稳后,开关 Q2 合向下方,使电动机为 Y 连接。

(4) 按控制屏启动按钮,接通 220 V 三相交流电源,观察电动机在 Y 连接直接启动时,电流表最大读数 $I_{Y启动}=$ ________ A。

(5) 按控制屏停止按钮,切断三相交流电源,待电动机停稳后,操作开关 Q2,使电动机作 Y—△降压启动。

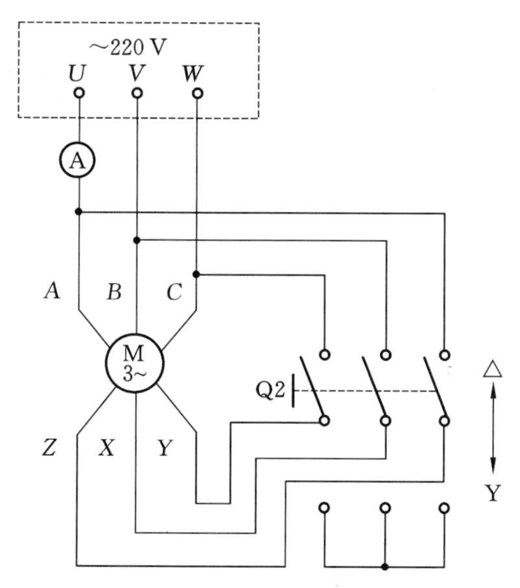

图 3.28 手动控制 Y—△降压启动控制线路图

① 先将 Q2 合向下方，使电动机 Y 连接，按控制屏启动按钮，记录电流表最大读数，$I_{Y启动}$ = ________ A。

② 待电动机接近正常运转时，将 Q2 合向上方，电动机为△连接，使电动机正常运行。实验完毕后，将自耦调压器调回零位，按控制屏停止按钮，切断实验线路电源。

五、实验注意事项

1. 注意安全，严禁带电操作。

2. 只有在断电的情况下，方可用万用表欧姆挡来检查线路的接线正确与否。

六、预习思考题

1. 采用 Y—△降压启动对三相鼠笼式异步电动机有何要求？

2. 如果要用一只断电延时式时间继电器来设计异步电动机的 Y—△降压启动控制线路，试问三个接触器的动作次序应作如何改动，控制回路又应如何设计？

3. 控制回路中的一对互锁触头有何作用？若取消这对触头对 Y—△降压换接启动有何影响，可能会出现什么后果？

4. 降压启动的自动控制线路与手动控制线路相比较，有哪些优点？

七、实验报告

1. 分析不同启动方式的优缺点。

2. 分析线路故障原因。

3. 写出心得体会及其他注意事项。

3.10 直流可调电压源的设计与实现

一、实验目的

1. 了解变压器、桥式整流电路的结构及工作原理。
2. 加深对电容滤波稳压的理解。
3. 学习稳压器件的工作原理及使用方法。
4. 学习可调电源的电路设计。
5. 掌握稳压电源性能的测量方法。

二、实验原理

直流可调电压源一般包括降压、整流、滤波、稳压和调压四部分。

1. 降压

降压部分是将电网 220 V 正弦交流电降低为低电压交流信号，常见的两种降压方式有阻容降压和变压器降压。其中变压器降压是实际中采用较多的方法，但缺点是变压器的体积大，当受体积等因素的限制时，可采用阻容降压。因阻容降压方式输出端未与 220 V 电压隔离，一旦器件异常，容易存在安全隐患，因此，实验中必须采用变压器方式降压。

变压器主要根据稳压部分的输入电压范围来选择，电压过大易烧坏器件，电压过小又不能保证稳压部分正常工作。从安全及器件耐压两方面考虑，选择的变压器二次侧输出不应超过 36 V。

2. 整流

利用二极管的单向导电性将前级变压器输出的交流电变为脉动的直流电，常用的整流分为半波整流和全波整流两种。由于半波整流只使得正半周的正弦信号通过，负半周截止，能量的使用效率远低于全波整流，因此本实验选择全波整流方式。全波整流桥的型号应根据输出电压及电路带负载能力两个因素来选择，整流桥的反向击穿电压应大于变压器二次侧输出正弦信号的最大值。

3. 滤波

整流部分输出的是脉动的直流电压，滤波部分的作用是将脉动的直流电压的交流分量变小，近似为稳定的直流电压。常用的滤波电路由储能元件 L、C 构成，利用 L、C 具有储存能量的特性实现滤波，因此，滤波输出的脉动电压交流成分的大小取决于 L、C 电路充放电时间的长短。

由于电感体积较大、笨重，因此，对于小功率电源一般采用电容进行滤波，其工作原理是当整流电压高于电容电压时电容充电，当整流电压低于电容电压时电容放电，在充放电的过程中，使输出电压基本稳定。对于大功率电源，若采用电容滤波电路，当负载电阻很小时，则所需电容容量势必很大，而且整流二极管的冲击电流也非常大，容易击穿，因此实验中应采用电感进行滤波。

4. 稳压和调压

稳压及调压部分是整个电路设计的核心，利用三端稳压器输出基准电压的特点实现稳压和调压，可有多种实现方案。

利用稳压二极管实现，当稳压二极管工作在反向击穿状态时，在一定的电流范围内(或者说在一定功率损耗范围内)，端电压几乎不变，这种特性即为稳压特性，但其相对稳定的电压在一定的范围内波动，导致输出电压值不稳定。

利用串联反馈式稳压电路实现，即将晶体管与负载串联，此时输出电压的波动经由反馈电路取样放大后来控制晶体管的极间电压降，从而达到稳定输出电压的目的。

利用三端稳压器实现，三端稳压器是将由晶体管构成的稳压电路集成的结果。常用的固定输出的三端稳压器有 78/79 系列，正电压输出的为 78××系列，负电压输出的为 79××系列，输出电压值即为××对应的数值，最大输出电流可达 1.5 A。

三、实验设备

自选。

四、实验内容与步骤

1. 直流可调电压源电路的设计。

设计一个直流可调电压源电路，要求在 220 V、50 Hz 的输入电压的条件下，电压调节范围为 2～12 V；输出电流＞1 A。要求降压部分必须采用变压器进行设计。

2. 按照设计电路接线，测量输出特性。

3. 提高部分：设计实现正负输出的双路可调电压源，并测量输出特性。

五、实验报告

1. 总结直流可调电压源设计及操作中的注意事项。

2. 对测量电路与理论计算进行比较、分析。

3. 总结实验心得。

4　常用电路测量设备

4.1　数字万用表

4.1.1　概述

UT39＋系列是一款便携式万用表，产品采用新一代智能 ADC 芯片，电路配备完善的防高压误测装置，符合安规 CAT Ⅲ 600 V/CAT Ⅱ 1000 V 要求，外观新颖，手感舒适易握持，结构强度高，可承受 2 米高度的跌落，大屏 LCD 4000 位模数显示，快速 ADC(模数转换器，3 次/秒)，全功能误测保护，最大可承受 1000 V 过电压冲击。并设置有过压、过流报警提示，大容量电容扩展量程，测量响应读数快，产品 Continuity 通断测量、NCV 非接触测量，同步配置声光提示功能。可测量高达 DC 1000 V、AC 750 V、10 A 的交直流电压和电流。产品设置背光启动功能，可以在阴暗条件下使用。

4.1.2　外表结构图

数字万用表外表结构图如图 4.1 所示。

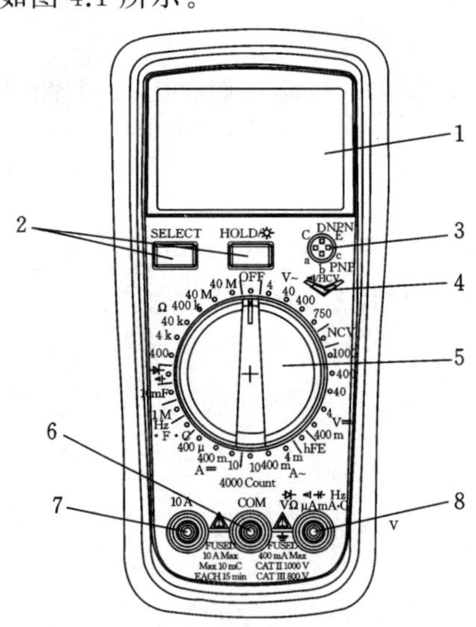

图 4.1　数字万用表外表结构图

1—LCD 显示屏；2—功能按键；3—三极管测量四脚插孔；4—声光报警指示灯；
5—量程开关；6—COM 输入端；7—10 A 电流输入端；8—其余测量输入端

4.1.3 测量操作说明

4.1.3.1 直流电压与交流电压测量

(1) 将功能量程开关拨到直流(交流)电压挡位上；

(2) 将红表笔插入“VΩmA”插孔，黑表笔插入“COM”插孔，并将两只表笔笔尖分别接触所测电压的两端(并联到负载上)进行测量；

(3) 从显示屏上读取测试结果。

4.1.3.2 电阻测量

(1) 将功能量程开关拨到电阻测量挡位上；

(2) 将红表笔插入“VΩmA”插孔，黑表笔插入“COM”插孔，并将两只表笔笔尖分别接触所测电阻的两端(与被测电阻并联)进行测量；

(3) 从显示屏上读取测试结果。

4.1.3.3 电路通断测量

(1) 将功能量程开关拨到电路通断测量挡位上；

(2) 将红表笔插入“VΩmA”插孔，黑表笔插入“COM”插孔，并将两只表笔笔尖分别接触被测量的两个端点进行测量；

(3) 如果被测两个端点之间电阻＞51 Ω，认为电路断路，蜂鸣器无声；被测两个端点之间电阻≤10 Ω，则认为电路导通性良好，蜂鸣器连续蜂鸣，发声的同时，并伴有红色 LED 发光指示。

4.1.3.4 二极管测量

(1) 将功能量程开关拨到二极管测量挡位上；

(2) 将红表笔插入“VΩmA”插孔，黑表笔插入“COM”插孔，并将两只表笔笔尖分别接触 PN 结的两个端点；

(3) 如果被测二极管开路或极性反接时，将会显示“OL”。对硅 PN 结而言，一般为 500～800 mV(0.5～0.8 V)被认为是正常值。

4.1.3.5 晶体管放大倍数测量(hFE)

(1) 将功能/量程开关置于“hFE”；

(2) 将待测晶体管(PNP 或 NPN 型)的基极(B)、发射极(E)、集电极(C)对应插入四脚测试座，显示器上即显示被测晶体管的 hFE 近似值。

4.1.3.6 电容测量

(1) 将功能量程开关拨到电容测量挡位上；

(2) 将红表笔插入“VΩmA”插孔，黑表笔插入“COM”插孔，将两只表笔笔尖分别接触被测电容的两个端点；

（3）从显示屏上读取测试结果。在无输入时仪表会显示一个固定读数，此数为仪表内部固有的电容值。对于小容量电容的测量，被测量值一定要减去此值，才能确保测量精度。因此小容量电容的测量请使用相对测量功能（REL）测量（仪表将自动减去内部固定值，方便测量读数）。

4.1.3.7　频率测量

（1）将功能量程开关拨到频率 Hz 测量挡位上；

（2）将红表笔插入“VΩ mA”插孔，黑表笔插入“COM”插孔，将两只表笔笔尖分别接触被测信号源的两个端点；

（3）从显示屏上读取测试结果。

4.1.3.8　直流电流与交流电流测量

（1）将功能量程开关拨到直流（交流）电流挡位上；

（2）将红表笔插入“VΩmA”或者“10A”插孔，黑表笔插入“COM”插孔，并将表笔串联到待测量的电源或者电路中；

（3）从显示屏上读取测试结果。

4.1.3.9　温度测量（摄氏/华氏测温）

（1）将功能量程开关拨到温度测量挡位上；

（2）将 K 型热电偶的插头插到仪表上，探头感温端固定到待测物体上；待数值稳定后读取显示屏上的温度值。

4.1.3.10　非接触交流电场感测

（1）如要感测空间是否存在交流电压或电磁场，请将功能量程开关拨到（NCV）挡位上；

（2）将仪表的前端靠近被测物体进行感应探测。当电场电压＞100 V 时此时 LCD 显示屏以横段指示感测电场的强度，横段越多（最多 4 段），电场强度越大；同时蜂鸣器发出“滴滴”声，红色 LED 也闪烁，随着测量电场的强弱变化，蜂鸣器、红色 LED 会同步改变发声与发光闪烁的频率。电场强度越大，蜂鸣的频率和 LED 闪烁的频率越高。

（3）以横段指示感测电场的强度如下：

当电场强度在 0～50 mV 时，LCD 显示“EF”；

电场强度在 50～100 mV 时，LCD 显示“-”；

电场强度在 100～150 mV 时，LCD 显示“--”；

电场强度在 150～200 mV 时，LCD 显示“---”；

电场强度大于 200 mV 时，LCD 显示“----”。

4.2 函数信号发生器

4.2.1 概述

UTG7000B 系列函数/任意波形发生器使用直接数字合成技术产生精确、稳定的波形输出，有低至 1 μHz 的分辨率，是一款经济型、高性能、多功能的双通道函数/任意波形发生器，可生成精确、稳定、纯净、低失真的输出信号，还能提供高频率且具有快速上升沿和下降沿的方波。其便捷的操作界面、优越的技术指标及人性化的图形显示风格，可更快地完成工作任务，提高工作效率，是满足目前测试需求的多用途设备。

4.2.2 外形结构

4.2.2.1 前面板

UTG7000B 系列函数/任意波形发生器前面板如图 4.2 所示。

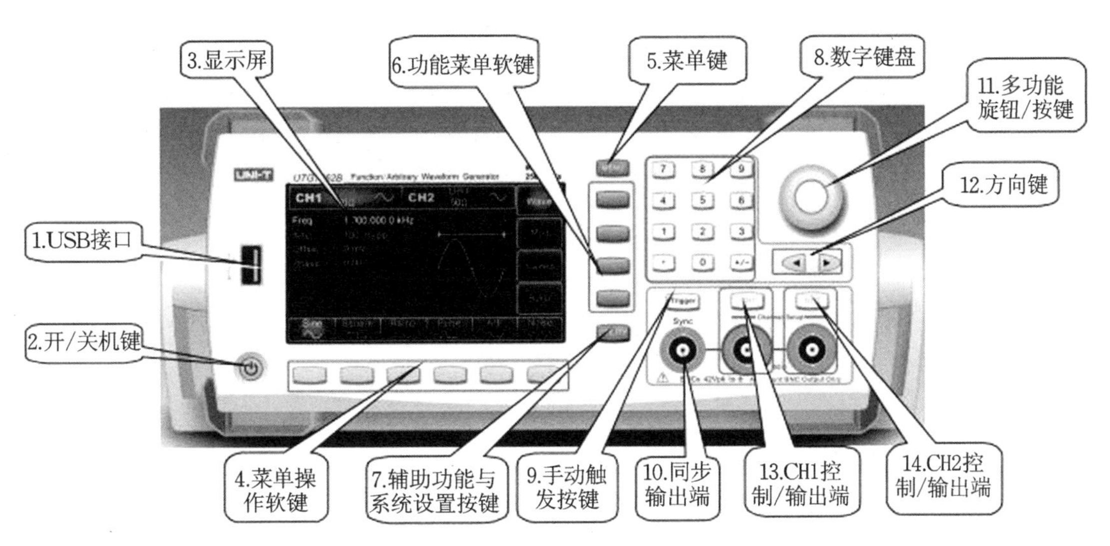

图 4.2 函数信号发生器前面板

(1) USB 接口

本仪器支持 FAT16、FAT32 格式的 U 盘。通过 USB 接口可以读取已存入 U 盘中的任意波形数据文件，存储或读取仪器当前状态文件。

(2) 开/关机键

启动或关闭仪器，按此键背光灯亮(橙色)，随后显示屏显示开机界面后再进入功能界

面。为防止意外碰到开/关机键而关闭仪器，必须长按开/关机键约 500 ms 来关闭仪器。关闭仪器后按键背光和屏幕同时熄灭。注意：开/关机键在仪器正常通电且后面板上的总电源开关置“|”情况下有效。要关闭仪器交流电源，请将后面板上的总电源开关置“○”或拔出电源线。

(3) 显示屏

4.3 寸高分辨率 TFT 彩色液晶显示屏通过色调的不同明显地区分通道一和通道二的输出状态、功能菜单和其他重要信息。

(4) 菜单操作软键

通过软键标签的标识对应地选择或查看标签(位于功能界面的下方)的内容，配合数字键盘或多功能旋钮或方向键对参数进行设置。

(5) 菜单键

通过按菜单键弹出四个功能标签：波形、调制、扫频、脉冲串，按对应的功能菜单软键可使用相应的功能。

(6) 功能菜单软键

通过软键标签的标识对应地选择或查看标签(位于功能界面的右方)的内容。

(7) 辅助功能与系统设置按键

通过按此按键可弹出四个功能标签：通道一设置、通道二设置、I/O(或频率计)、系统，高亮显示(标签的正中央为灰色并且字体为纯白色)的标签在屏幕下方有对应的子标签，子标签更详细地描述了屏幕右方的功能标签的内容，可按对应的菜单操作软键来获得相应的信息或设置(如输出阻抗设置：1 Ω 至 10 kΩ 可调，或者高阻)、指定电压限值、配置同步输出、语言选择、设置开机参数、背光亮度调节、DHCP(动态主机配置协议)端口配置、存储和调用仪器状态、设置系统相关信息、查看帮助主题列表等。

(8) 数字键盘

数字键盘用于输入所需参数 0～9、小数点“.”、符号键“+/－”。小数点“.”可以快速切换单位，左方向键退格并清除当前输入的前一位。

(9) 手动触发按键

设置触发，闪烁时执行手动触发。

(10) 同步输出端

输出所有标准输出功能(DC 和噪声除外)的同步信号，可正常输出。

(11) 多功能旋钮/按键

旋转多功能旋钮改变数字(顺时针旋转数字增大)或作为方向键使用，按多功能旋钮可选择功能或确定设置的参数。

(12) 方向键

在使用多功能旋钮和方向键设置参数时，用于切换数字的位或清除当前输入的前一位数字或移动(向左或向右)光标的位置。

(13) CH1 控制/输出端

快速切换在屏幕上显示的当前通道(CH1 信息标签高亮表示为当前通道,此时参数列表显示通道一相关信息,以便对通道一的波形参数进行设置)。若此通道为当前通道(CH1 信息标签高亮),可通过按 CH1 键快速开启/关闭通道一输出,也可以通过按 Utility 键弹出标签后再按通道一设置软键来设置。开启时 CH1 键背光灯亮同时在 CH1 信息标签的右方会显示当前输出的功能模式("波形形状"或"调制"或"扫频"或"脉冲串"),同时 CH1 输出端输出信号。关闭时 CH1 键背光灯亮同时在 CH1 信息标签的右方会显示"关"字样,同时关闭 CH1 输出端。

(14) CH2 控制/输出端

快速切换在屏幕上显示的当前通道(CH2 信息标签高亮表示为当前通道,此时参数列表显示通道二相关信息,以便对通道二的波形参数进行设置)。若此通道为当前通道(CH2 信息标签高亮),可通过按 CH2 键快速开启/关闭通道二输出,也可以通过按 Utility 键弹出标签后再按通道二设置软键来设置。开启时 CH2 键背光灯亮同时在 CH2 信息标签的右方会显示当前输出的功能模式("波形形状"或"调制"或"扫频"或"脉冲串"),同时 CH2 输出端输出信号,关闭时 CH2 键背光灯亮同时在 CH2 信息标签的右方会显示"关"字样,同时关闭 CH2 输出端。

4.2.2.2 后面板

UTG7000B 系列函数/任意波形发生器后面板如图 4.3 所示。

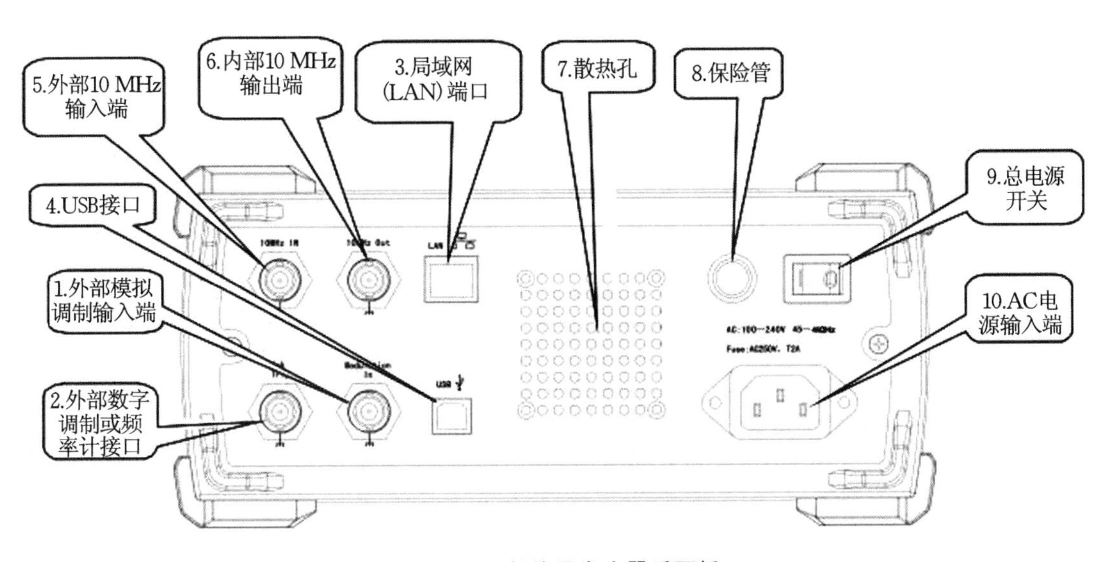

图 4.3 函数信号发生器后面板

(1) 外部模拟调制输入端

在 AM、FM、PM 或 PWM 信号调制时,当调制源选择外部时,通过外部模拟调制输入端输入调制信号,对应的调制深度、频率偏差、相位偏差或占空比偏差由外部模拟调制输入端的±5 V信号电平控制。

(2) 外部数字调制或频率计接口

在ASK、FSK、PSK信号调制时,当调制源选择外部时,通过外部数字调制接口输入调制信号,对应的输出幅度、输出频率、输出相位由外部数字调制接口的信号电平决定。当频率扫描或脉冲串的触发源选择外部时,通过外部数字调制接口接收一个具有指定极性的TTL脉冲,此脉冲可以启动扫描或输出指定循环数的脉冲串。脉冲串模式类型为门控时通过外部数字调制接口输入门控信号。使用频率计功能时,通过此接口输入信号(兼容TTL电平),还可以对频率扫描或脉冲串进行触发信号的输出(当触发源选择外部时,参数列表中会隐藏触发输出选项,因为外部数字调制接口不可能同时用于输入和输出)。

(3) 局域网(LAN)端口

可以通过局域网(LAN)端口将此仪器连接至局域网,以实现远程控制。

(4) USB接口

可以通过USB接口与上位机连接,实现计算机对本仪器的控制。

(5) 外部10 MHz输入端

通过此端口实现多个UTG7000B函数/任意波形发生器之间建立同步或与外部10 MHz时钟信号的同步。当仪器时钟源选择外部时,外部10 MHz输入端接收一个来自外部的10 MHz时钟信号。

(6) 内部10 MHz输出端

通过此端口实现多个UTG7000B函数/任意波形发生器之间建立同步或向外部输出参考频率为10 MHz的时钟信号。当仪器时钟源选择内部时,内部10 MHz输出端输出一个来自内部的10 MHz时钟信号。

(7) 散热孔

为确保仪器有良好的散热,请不要堵住这些散热孔。

(8) 保险管

仪器遭到雷击或使用太久某元件损坏时有可能引起电源板电流过大,当交流输入电流超过2 A时,保险管会熔断来切断交流输入,避免给仪器带来灾难性的损害。

(9) 总电源开关

总电源开关置“|”时,给仪器通电;置“○”时,断开交流输入(前面板的开/关机键不起作用)。

(10) AC电源输入端

该函数/任意波形发生器支持的交流电源规格为:100~240 V,45~440 Hz。

4.2.3 使用方法

函数信号发生器使用的基本步骤如下:

① 连接输入输出接口：将函数信号发生器与测试设备或负载相连，确保输入和输出接口匹配。

② 设置参数：根据测试需求，在函数信号发生器上设置所需的参数，如频率、幅度、相位等。这些参数可以通过手动调节或使用自动设置功能进行设置。

③ 调整调谐参数：如果需要对信号进行调谐，则需要调整调谐参数，使信号达到最佳状态。调谐参数包括频率、相位、带宽等。

④ 进行测试：将测试设备或负载连接到函数信号发生器的输出接口，进行测试。此时需要确保测试设备或负载的输入阻抗与函数信号发生器的输出阻抗相匹配。

⑤ 分析结果：观察测试结果，评估信号的质量和性能。如果信号质量不理想，可以调整参数或进行其他操作来改善信号质量。

4.2.4 注意事项

在使用函数信号发生器时，还需要注意以下事项：

① 选择合适的频率和幅度范围，以满足测试需求。

② 确认函数信号发生器的工作电源和供电方式，确保其正常工作。

③ 遵守相关安全规定，保护设备和人员的安全。

④ 定期维护和检查函数信号发生器，确保其正常运行。

4.3 数字示波器

4.3.1 概述

UTD7000WG/BG 系列数字示波器是基于 UNI-T 已有成熟技术升级设计的一款多功能、高性价比的示波器。其主要特色有：配置 100 MHz/70 MHz 两个级别带宽，提供 2 通道共 4 个型号；最高实时采样率 1 GS/s，可以观察频率更高的信号；波形捕获率高达 30000 wfms/s；波形不间断录制支持录制多达 8000 幅波形；8 英寸 WVGA(800×480)TFT LCD，超宽屏、色彩逼真、显示清晰；丰富的触发功能，包括多种高级触发标准配置接口：USB-OTG、Pass/Fail(通过/失败)，可自动测量 34 种波形参数；支持 U 盘存储和 U 盘进行软件升级、一键拷屏等功能；支持即插即用 USB 设备，可通过 USB 接口与计算机通信；内置 5 MHz 波形发生器功能。

4.3.2 外表结构图

UTD7000WG/BG 系列数字示波器前面板如图 4.4 所示。

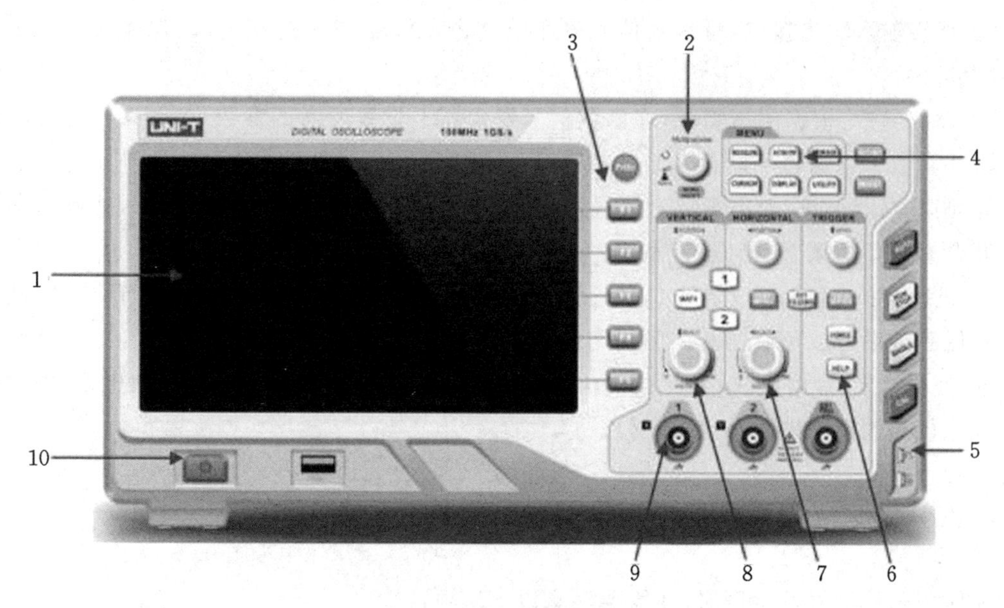

图 4.4　示波器前面板

1—屏幕显示区域;2—多功能旋钮;3—控制菜单键;4—功能菜单软键;5—探头补偿信号连接片和接地端;
6—触发控制区;7—水平控制区;8—垂直控制区;9—模拟通道输入端;10—电源软开关键

4.3.3　功能介绍

CH1 和 CH2:通道 1 和通道 2 的垂直输入端,EXT TRIG 为外触发输入端。

伏/格(V/div):垂直轴电压灵敏度调节开关。用于改变 CH1(或 CH2)输入信号 Y 轴幅度。

MATH:数学运算功能菜单,可进行加、减、乘、除运算,FFT 运算,逻辑运算,高级运算。

CH1(或 CH2)菜单(MENU):用来显示两通道波形的输入耦合方式、带宽及衰减系数等,并控制波形的接通和关闭。

其中两通道波形输入耦合方式分为:交流、直流、接地。

交流:输入信号的直流分量被抑制,只显示交流分量。

直流:输入信号的直流分量和交流分量同时显示。

接地:输入信号端被接地。

VERTICAL(垂直功能表):用来显示垂直通道操作菜单,打开或关闭通道显示波形,通过垂直移位旋钮,可移动当前通道波形的垂直位置,屏幕下方的垂直位移值相应变化。

HORIZONTAL(水平功能表):用来改变时基和水平位置,并在水平方向放大波形。视窗区域由两个光标界定,通过水平控制旋钮调节。视窗用来放大一段波形,但视窗时基不能慢于主时基。当波形稳定后,可用秒/格旋钮来扩展或压缩波形,使波形显示清晰。

LBVEL(触发电平和释抑):触发电平和释抑时间双重控制旋钮。作为触发电平控制时,它设定触发信号应满足的振幅和波形范围,以便使波形稳定地显示。作为释抑控制时,它设定下一个触发事件之前的时间值,稳定显示非周期性波形。

TRIGGER(触发功能菜单):显示触发功能菜单。触发方式分边沿触发和视频触发两种。

触发状态分自动、正常、单次 3 种。当“秒/格”置“100 ms/格”或更慢,并且触发方式为自动时,仪器进入扫描获取状态。这时波形自左向右显示最新平均值。在扫描状态没有波形水平位置和触发电平控制。

触发信号耦合方式分交流、直流、噪声抑制、高频抑制和低频抑制 5 种。高频抑制时衰减 80 kHz 以上的信号,低频抑制时阻挡直流并衰减 300 kHz 以下的信号。

视频触发是在视频行或场同步脉冲的负边沿上触发,若出现正向脉冲,则选择反向奇偶位。

AUTO(自动设置):自动设定仪器各项控制值,以产生适宜观察的输入信号。

RUN/STOP(启动/停止):启动或停止波形的获取。

SINGLE(单次触发):按下该键将示波器的触发模式设置为“单次”。

CAL(校正信号切换):长按该键可以切入切出校正信号到通道。

PrtSc(屏幕拷贝):按下该键可将屏幕波形以 BMP 位图格式快速保存到 USB 存储设备中。

Multipurpose(多功能旋钮):菜单操作时,按下某个菜单软键后,转动该旋钮可选择该菜单下的子菜单,然后按下旋钮(即 Select 功能)可选中当前选择的子菜单。

MEASURE(测量):显示自动测量功能菜单。可实现 5 种自动测量功能。按下顶部菜单框按钮以显示信源或类型菜单,从信源菜单中可选择待测量的信道;从类型菜单中可选择测量类型(频率、周期、平均值、峰-峰值、均方根值及无)。对于参考波形和数值波形,在使用 XY 方式或扫描方式时,都不能进行自动测量。

ACQUIRE(获取):显示获取功能菜单。按 ACQUIRE(获取)按钮来设定获取方式,分取样、峰值检测、平均值检测 3 种。“取样”为预设置方式,它提供最快获取;“峰值检测”能捕捉快速变化的毛刺信号,并将其显示在屏幕上;“平均值检测”用来减少显示信号中的杂音,提高测量分辨率和准确度。平均值可根据需要在 4、16、64 和 128 中选择。

STORAGE(存储):按下该键进入存储界面。可存储的类型包括:设置、波形。

CURSOR(光标):显示光标功能菜单。用来显示测量光标和光标功能菜单。光标位置由垂直位移旋钮来调节,只有光标功能菜单显示时,才能移动光标,增量显示两光标的差值。光标位置的时间以触发水平位置为基准,电压以接地点为基准。

DISPLAY(显示):显示功能菜单。用来选择波形的显示方式和改变显示屏的对比度。YT 方式显示垂直电压与水平时间的相对关系;XY 方式在水平轴上显示 CH1,在垂直轴上显示 CH2。

UTILITY(辅助功能):显示辅助功能菜单。通过此按钮可选择各系统所处的状态,如水平、波形、触发等状态。可进行自校准和选择操作语言。

RECORD(录制):按下该键直接打开波形录制菜单。

DEFAULT(出厂设置):按下该键可使示波器恢复出厂设置。

斜面钮:位于显示屏旁边的一排按钮,它与屏幕内出现的一组功能表对应,用来选择功能表项目。

4.3.4 应用举例

下面为用示波器观察并测量正弦波的应用:

① CH1 或 CH2 输入正弦波信号(以 CH1 为例),按垂直通道控制区的 CH1 键。

② 按显示区域左下方“耦合”对应位置选择键,选择“交流”。

③ 按下自动设置“AUTO”键。

④ 调节 CH1 垂直电压挡位旋钮和水平位移旋钮,显示适合的图形再进行后续的测量。

⑤ 测量周期(频率):读取波形周期的起点和终点水平间隔格数 H,读取 X 轴灵敏度(主时基)M。波形周期即为 $T=HM$。

⑥ 测量波形峰-峰值:读取波形的最高点和最低点垂直间隔格数 K;读取 CH1 的 Y 轴灵敏度 N。波形峰-峰值即为 $V_{\text{P-P}}=KN$。

4.4 交流毫伏表

4.4.1 概述

交流毫伏表是一种用于测量交流电信号电压和电流的仪器。它通常用于电子设备的测试和维护,特别是在电力系统、电机、变压器、电子元器件等领域。UT8630 系列是一款数字交流毫伏表,具有多功能、高精度等特点。输入阻抗:1 MΩ,并联 30 pF 电容;最高测量电压 380 V;交流电压转换方式是线性检波;具有限定范围比较测量功能、相对运算功能、显示保持功能,100 条测试结果存储,测量功率时信号源电阻可设置,支持 SCPI 命令编程。

4.4.2 外表结构图

UT8630 系列交流毫伏表前面板如图 4.5 所示。

(1) 电源开关:用于打开或关闭设备。

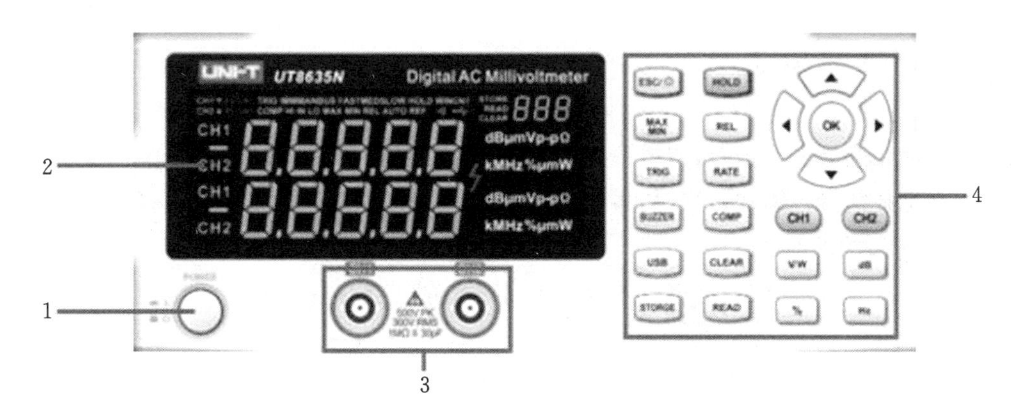

图 4.5 交流毫伏表前面板

1—电源开关；2—显示屏；3—输入插座；4—按键

(2) 显示屏：用于显示测量参数和运行模式等信息。

(3) 输入插座：用于接入交流信号。

(4) 按键：用于选择测试模式，其他界面根据屏幕指示实现特定的操作功能。

4.4.3 使用方法

(1) 确定测量范围：在使用交流毫伏表之前，需要先确定它的测量范围。一般来说，交流毫伏表有多种测量范围可供选择，如 0～10 mV、0～100 mV、0～1 V 等。根据被测信号的电压大小选择合适的测量范围，以确保测量结果的准确性。

(2) 选择量程：在选择测量范围后，需要根据被测信号的电流大小选择合适的量程。一般来说，交流毫伏表有多种量程可供选择，如 0～1 mA、0～10 mA、0～100 mA 等。根据被测信号的电流大小选择合适的量程，以确保测量结果的准确性。

(3) 连接测量电路：将交流毫伏表连接到被测电路中，需要注意保持测量电路的正负极正确连接。一般情况下，交流毫伏表使用两个电极进行测量，一个电极接被测电路的正极，另一个电极接被测电路的负极。

(4) 设置测量参数：在连接测量电路后，需要设置交流毫伏表的测量参数，如测量范围、量程等。通常情况下，可以通过交流毫伏表的控制面板进行设置。

(5) 进行测量：在设置好测量参数后，可以进行实际的测量。将被测信号通过交流毫伏表进行测量，并将测量结果读取出来。在测量过程中，需要注意保持测量电路的稳定性，避免干扰和误差的产生。

(6) 校准和调整：为了保证交流毫伏表的测量准确性，需要进行定期的校准和调整。一般情况下，可以通过交流毫伏表的校准功能进行校准，或者送到专业的校准机构进行校准。

4.4.4 注意事项

(1) 在使用交流毫伏表时,需要注意保持测量电路的稳定性,避免干扰和误差的产生。

(2) 在选择测量范围和量程时,需要根据被测信号的电压和电流大小选择合适的参数,以确保测量结果的准确性。

(3) 在连接测量电路时,需要注意保持测量电路的正负极正确连接,以避免测量误差的产生。

(4) 在进行校准和调整时,需要按照专业的方法进行操作,以确保测量结果的准确性。

(5) 在使用交流毫伏表时,需要注意保护仪器,避免损坏仪器。

5　常用仿真软件

随着电子信息产业的快速发展，计算机技术几乎涵盖了电子电路设计的全过程。如今电子产品设计开发的技术手段已经从传统的设计方法与计算辅助设计(CAD)逐步被EDA(Electronic Design Automation)技术全面取代。EDA技术包括电路设计、电路仿真和系统分析三个方面的内容，整个设计过程大部分工作都是通过计算机完成的。基于其强大的设计、仿真和分析功能，EDA的相关应用已经成为目前学习电子技术的重要工具和辅助手段。目前国内外常用的EDA软件包括：EWB、PSpice、Protel、OrCAD等。以下以EWB系列软件中的最新Multisim 14.3专业仿真软件为平台介绍相关电路仿真。

5.1　Multisim仿真软件概述

5.1.1　Multisim仿真软件简介

仿真软件Multisim是在电子电路仿真软件EWB(Electronics Workbench)不断改进和发展的过程中诞生的。20世纪80年代末期，加拿大IIT(Interactive Image Technologies)公司研发出EWB仿真软件，后经不断改进升级出了不同版本。从EWB 6.0版本开始，IIT公司将专门用于电路仿真与设计的模块命名为Multisim。2005年，IIT公司被美国的NI(National Instrument)公司收购，于次年推出了适用于Windows系统的Multisim 9.0版本。

Multisim是行业标准的SPICE仿真和电路设计软件，适用于模拟、数字和电力电子领域的教学和研究。Multisim集成了业界标准的SPICE仿真以及交互式电路图环境，可即时可视化和分析电子电路。其直观的界面可帮助我们理解电路理论，也有助于高效地记忆工程课程的理论知识。研究人员和设计人员可借助Multisim减少PCB的原型迭代，并为设计流程添加功能强大的电路仿真和分析，以节省开发成本。

Multisim软件的虚拟测试仪器仪表种类齐全，有一般实验室所用的通用仪器，如直流电源、函数信号发生器、万用表、双踪示波器，还有一般实验室少有或没有的仪器，如波特图仪、数字信号发生器、逻辑分析仪、逻辑转换器、失真仪、频谱分析仪和网络分析仪等。该软件的元器件库中有数以万计的电路元器件供实验选用，不仅提供了元器件的理想模型，还提供了元器件的实际模型，同时还可以新建或扩充已有的元器件库，而且建库所需的元器件参数可以从生产厂商的产品使用手册中查到，与生产实际紧密相连，可以非常方便地用于实际的工程设计。该软件可以对被仿真的电路中的元器件设置各种故障，如开路、短路和不同程度的漏电等，从而观察不同故障情况下的电路工作状况。在进行仿真的同时，该软件还可以存储测试点的所有数据，列出被仿真电路的所有元器件清单，以及存储测试仪器的工作状态、显示波形和具体数据等；该软件还具有多种电路分析功能，如直流工作点分析、交流分析、瞬态分析、傅里叶分析、失真分析、噪声分析、直流扫描分析、参数扫描分析等，便于设计人员对电路的性能进行推算、判断和验证。Multisim 软件易学易用，可以很好地解决理论教学与实际动手实验相脱节的问题。

与传统的实物实验比较，基于 Multisim 软件的仿真实验主要有以下特点：

(1) 集成化的设计环境，可以任意在系统中集成数字及模拟元器件，完成原理图输入、数模混合仿真以及波形图的显示等工作。当改变电路连线或元器件参数时，相应波形实时变化显示。

(2) 软件界面友好，便于操作仿真。用户可以同时打开多个电路，轻松地选择和编辑元器件、调整电路连线、修改元器件属性。旋转元器件的同时管脚名也随着旋转并且自动配置元器件标识。此外，还有自动排列连线、在连线时自动滚动屏幕、以光标为准对屏幕进行缩小和放大等功能，画原理图时更加方便快捷。

(3) 设计和实验用的元器件及测试用的仪器仪表齐全且准确，可以克服在实际实验室中的条件限制，随意组合应用完成各种类型的电路设计与实验。进行电子电路的实验成本低，实验中不消耗实际的电子元器件，且实验中的种类和数量不受限制，从而克服了因经费不足而造成的制约。

(4) 实验效率大大提高。在虚拟仿真实验中，可以克服采用传统实验方式进行实验时所遇到的各种不利因素的干扰和影响，如设备仪器的损坏、故障等情况影响实验的进行。从而使实验结果更好地反映出不同实验的本质，使整个实验过程更加快捷、准确。

(5) 实验分析手段丰富，可以完成电路的瞬态分析和稳态分析、时域和频域分析、器件的线性和非线性分析、电路的噪声分析和失真分析、离散傅里叶分析、电路零极点分析、交直流灵敏度分析等，能够快速、轻松、高效地对电路参数进行测试和分析，使设计与实验同步进行，可以边设计边实验，修改调试方便。还可直接打印输出实验数据、测试参数、曲线和电路原理图。

5.1.2 NI Multisim 14.3 软件的安装

NI Multisim 14.3 是目前 Multisim 软件的最新版本，该软件分为教学版和专业版。软件支持德语和英语(目前也支持汉化)。不同版本开放的软件资源不同，但安装和使用方法基本相同。

软件版本选择与下载如图 5.1 所示。将下载后的文件进行解压，找到 Install.exe 文件并运行，正常安装即可，如图 5.2 所示。

图 5.1 软件版本选择与下载

图 5.2 软件的安装

5.1.3 Multisim 14.3 主界面

运行 NI Multisim 14.3 后即进入仿真软件的主界面。演示仿真软件已经进行汉化后的界面，如图 5.3 所示。Multisim 14.3 的主界面由多个区域构成，从上至下包括：标题栏、菜单栏、主工具栏、元件工具栏、设计工具箱、仿真电路工作窗口、仪器工具栏、状态栏等。通过软件操作界面上的这些工具栏提供的功能就可以开始电路的设计与仿真，可实现编辑电路，调试、观测和分析电路。

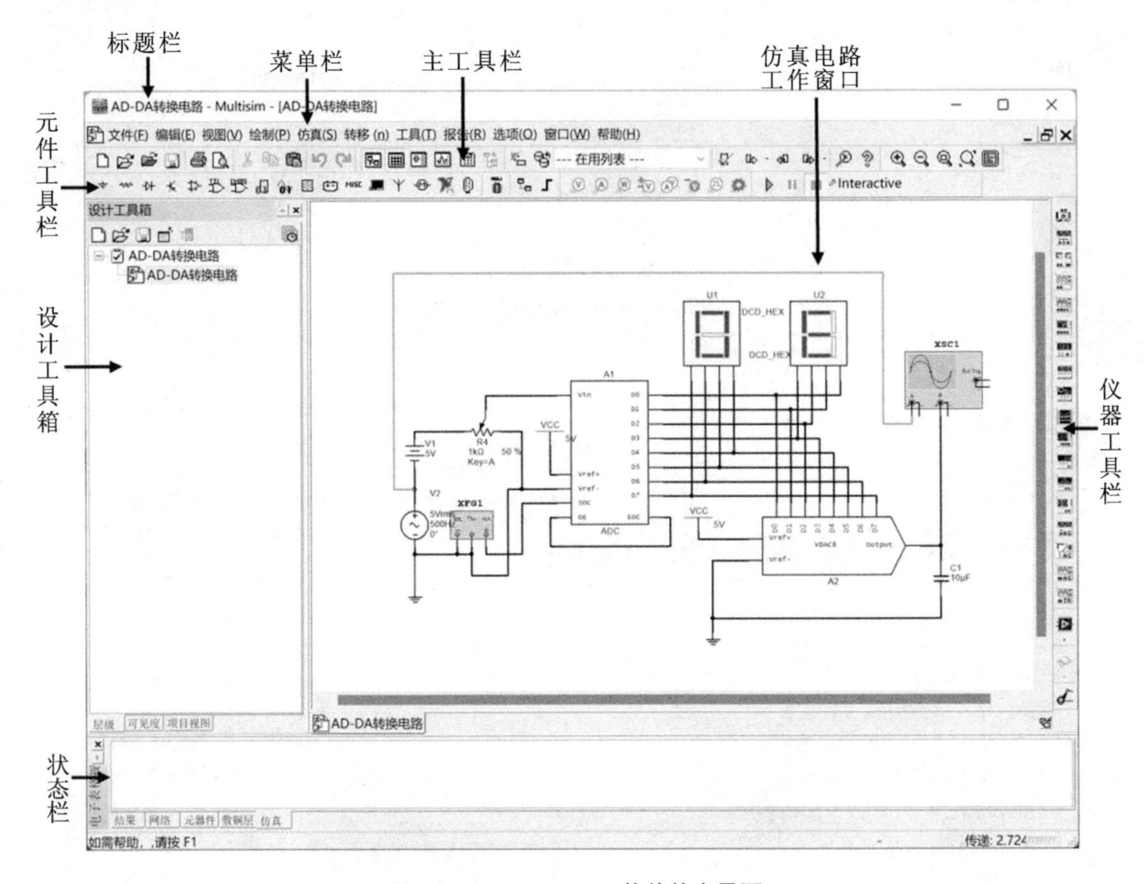

图 5.3　Multisim 14.3 软件的主界面

5.2 Multisim 电路仿真

我们选取 7 个有代表性的电路仿真实例，来进行电路理论学习的验证与分析，熟练掌握仿真软件 Multisim 14.3 操作的同时，能够强化电路课程中所学习到的线性电路基本理论、应用和分析方法等相关内容。电路仿真实例的内容分别为：基尔霍夫定律、线性叠加定理、戴维南定理、一阶 RC 动态电路、正弦稳态电路、谐振电路、三相电路。

5.2.1 基尔霍夫定律仿真

应用 Multisim 14.3 来进行不同电路的仿真实验,第一步就是要在我们的电路仿真工作窗口中搭建想要的仿真电路原理图,通用步骤如下:

① 创建目标电路的仿真文件。

② 设置电路工作窗口界面。

③ 设计目标电路原理图。

④ 查找、选择电路所用到的元器件。

⑤ 设置元器件参数。

⑥ 添加并设置仪器仪表。

⑦ 按要求连接仿真电路。

基尔霍夫定律包括基尔霍夫电压定律和电流定律,两个定律的仿真实验过程相似,故以验证基尔霍夫电压定律为例进行演示。基尔霍夫电压定律的实验电路如图 5.4 所示。通过一个直流电阻电路,验证两个电阻的电压与电源电压的关系是否与基尔霍夫电压定律内容相一致。

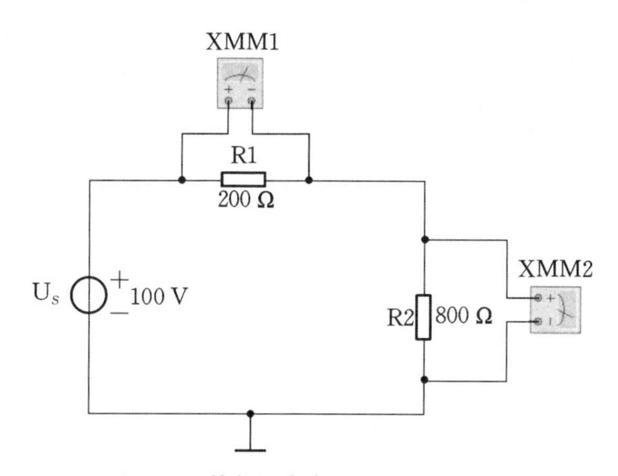

图 5.4 基尔霍夫电压定律实验电路

在添加元件的时候单击"元件工具栏"中的"基本元件库"(快捷键 Ctrl+W)。并按图 5.4 搭建仿真电路。本例中用到了直流电压源、电阻以及万用表。搭建完成后可以单击 ▶ (快捷键 F5)运行仿真,可得如图 5.5 所示结果,通过仿真结果可验证理论内容。仿真电路可以按照需要随意更改。

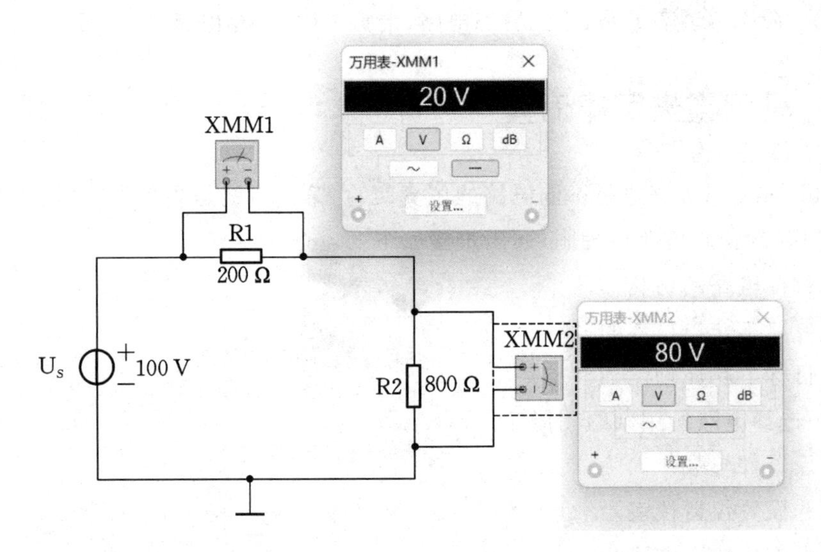

图 5.5　基尔霍夫电压定律电路仿真

5.2.2　线性叠加定理仿真

线性电路由线性元件组成并具有叠加性，本实验就是验证线性电路的叠加定理。本实验的设计思路是分别测量电压源和电流源单独作用在线性电路时的电阻电压，如图 5.6 所示。再测量电压源和电流源共同作用下的电阻电压，如图 5.7 所示。并对结果进行比较，观察三个电路中的安培计中的读数，验证叠加定理。

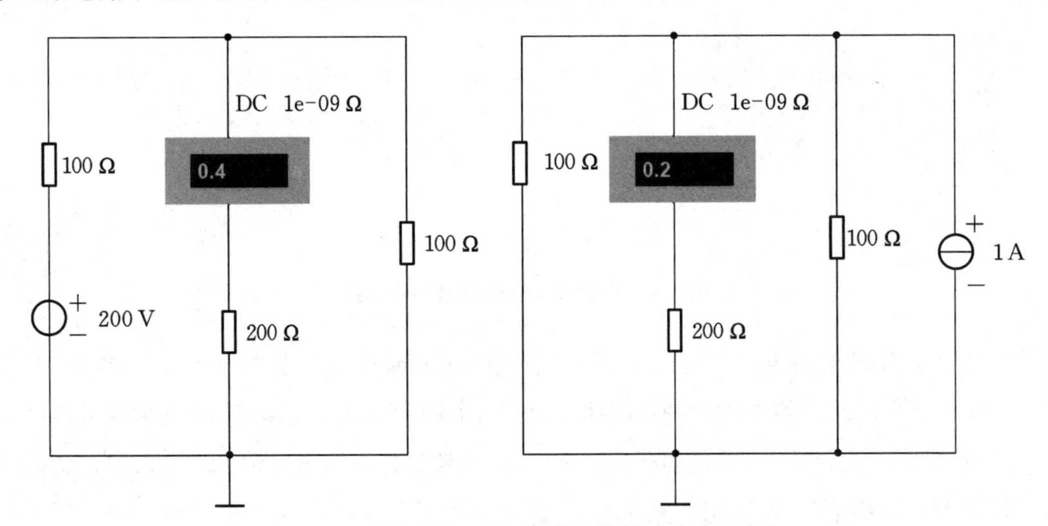

图 5.6　叠加定理-独立源单独作用的电路仿真

在添加元件的时候单击“元件工具栏”中的“基本元件库”(快捷键 Ctrl＋W)。并按图中内容搭建仿真电路。本例在“电源库”中调用直流电压源、电流源、接地，在“基本元件库”中

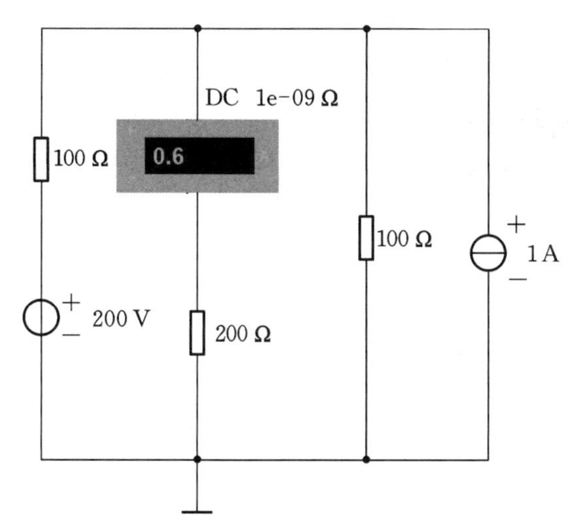

图 5.7 叠加定理-独立源共同作用的电路仿真

调用电阻，在“仪器工具栏”中调用安培计，仿真参数如图 5.6、图 5.7 所示。

5.2.3 戴维南定理仿真

戴维南定理是指任何一个线性有源的二端网络，对外电路而言，都可以等效为一个理想的电压源和一个电阻串联。如图 5.8(a)所示搭建的戴维南定理仿真电路模型，通过测量端口 ab 的电压可以确定端口伏安关系。并通过戴维南定理理论内容计算等效模型，搭建如图 5.8(b)所示的等效仿真电路，观察测量结果，确定并进一步理解和验证戴维南定理的正确性。

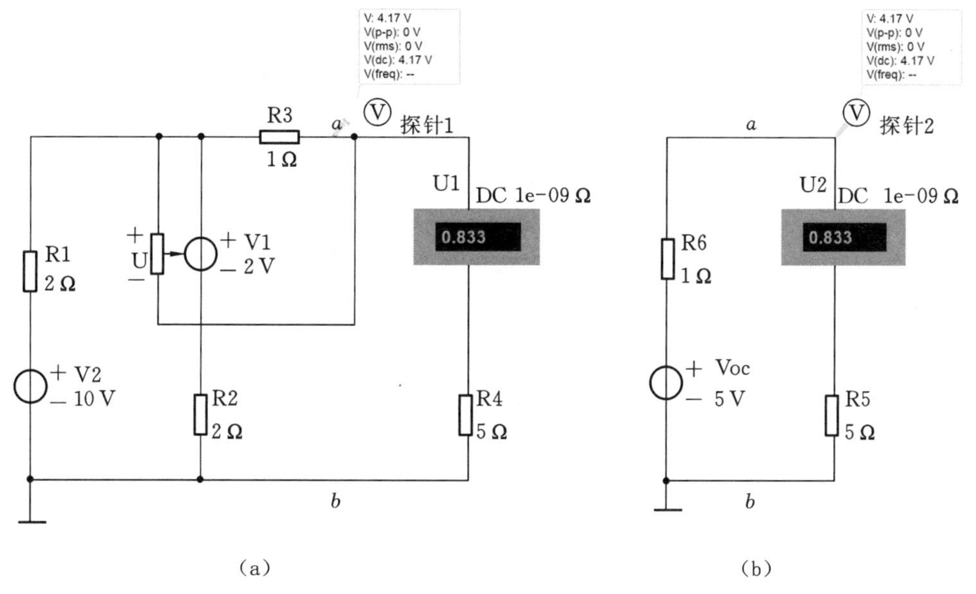

(a) (b)

图 5.8 戴维南定理的电路仿真

在添加元件的时候单击“元件工具栏”中的“基本元件库”(快捷键 Ctrl＋W),并按图中内容搭建仿真电路。本例在“电源库”中调用直流电压源、受控电压源、接地,在“基本元件库”中调用电阻,在“仪器工具栏”中调用安培计,在如图 5.9 所示的探针工具栏选取电压探针工具,如果探针工具栏未设置在常用工具栏中,可通过如图 5.10 所示进行添加。电路其他仿真参数如图 5.8 所示。

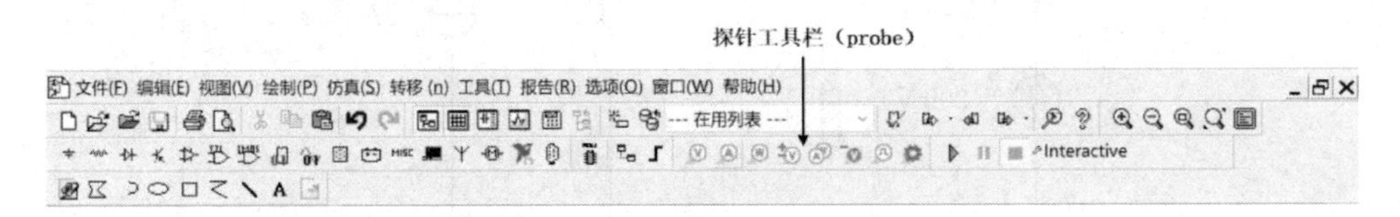

图 5.9　探针工具栏位置及探针工具

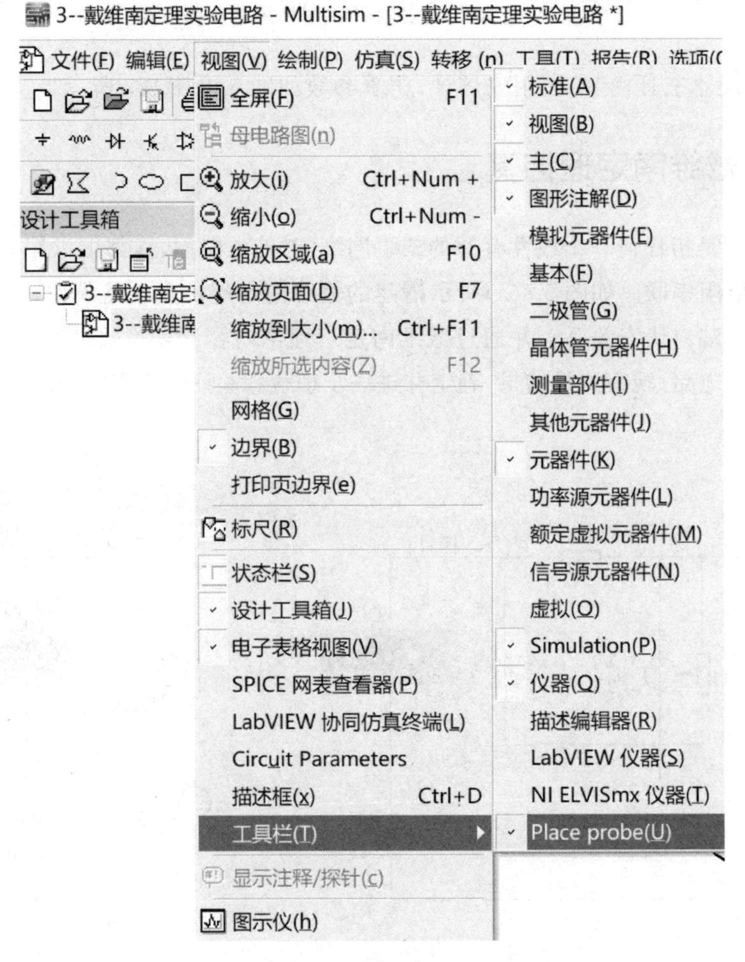

图 5.10　添加探针工具栏

5.2.4 一阶动态电路仿真

验证一阶 RC 动态电路的仿真电路如图 5.11 所示。本例在“电源库”中调用接地，在“基本元件库”中调用电阻和电容，在“仪器工具栏”中调用函数发生器和示波器，电路其他仿真参数如图 5.11 所示。

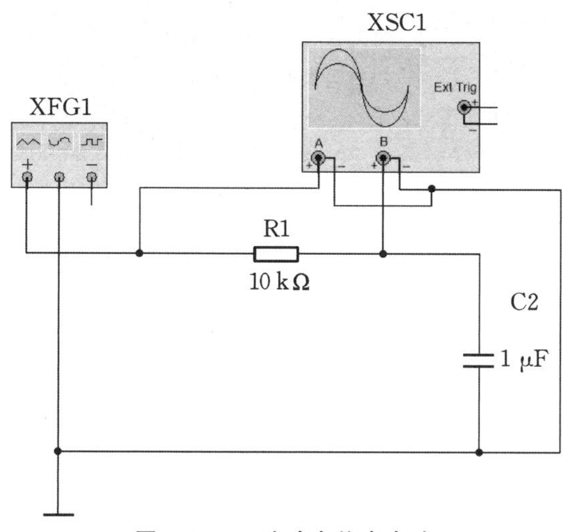

图 5.11 一阶动态仿真电路

仿真电路中的函数发生器 XFG1 的参数设置如图 5.12 所示。

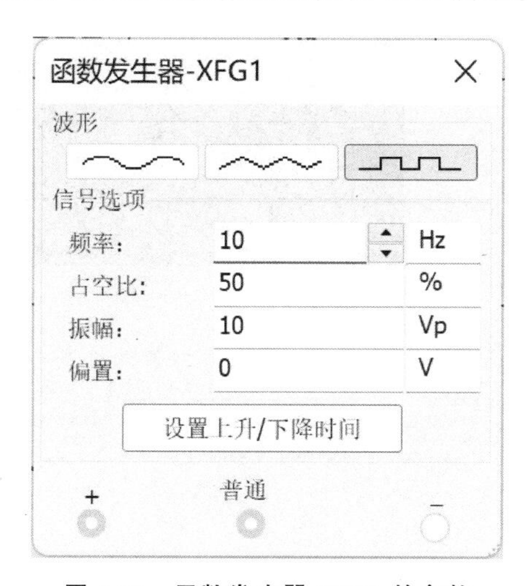

图 5.12 函数发生器 XFG1 的参数

示波器 XSC1 的显示参数和电路运行后的仿真波形如图 5.13 所示。从 5.13 图中可以看到由信号发生器输出的方波和电容电压波形，电容充电电压波形呈指数规律上升。同时，可以通过改变仿真电路中电阻和电容的参数值来改变一阶动态电路的时间常数，调整不同的电路波形，观察测量结果，进一步验证一阶电路的理论内容。

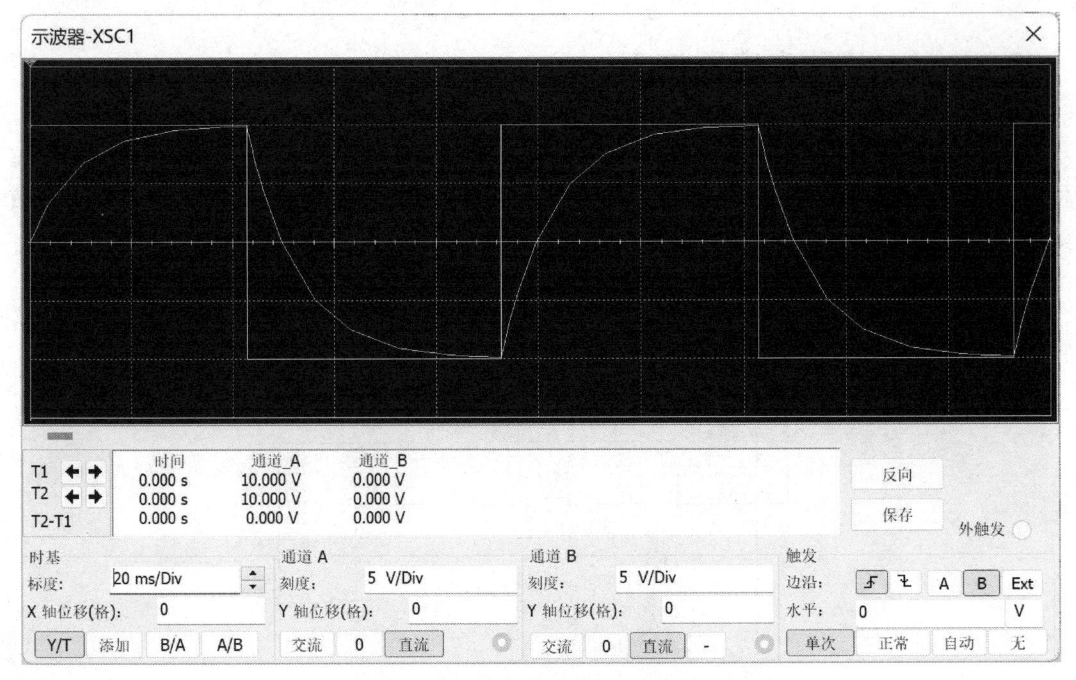

图 5.13　示波器参数和波形图

同时可以参照如图 5.14 所示仿真一阶电路的频率响应。图 5.14(a)所示为一阶 RC 仿真电路图，图 5.14(b)所示为波特测试仪波形，图 5.14(c)所示为图视仪波形。

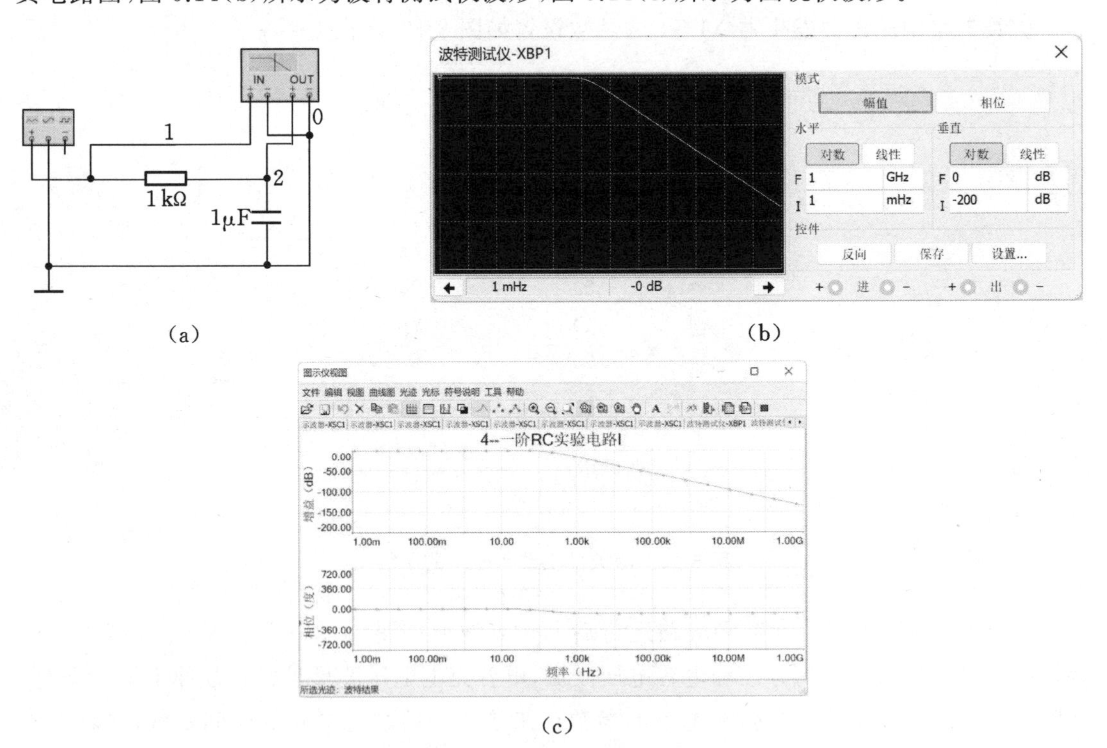

(a)　　(b)

(c)

图 5.14　一阶 RC 电路频率响应

5.2.5　正弦稳态电路仿真

在正弦稳态电路仿真过程中，我们将应用示波器来测量正弦稳态电路中的不同波形之间的相位关系。通过电感器件和 RL 串联电路，验证正弦稳态电路中应用示波器测量相位差的结论。正弦稳态仿真电路及其他仿真参数如图 5.15 所示。

本例在"电源库"中调用交流电压源和接地，在"基本元件库"中调用电阻和电感，在"仪器工具栏"中调用双踪示波器 XSC，其中用通道 A 测量输入波形，用通道 B 测量电阻两端波形。测量并观察正弦稳态电路波形如图 5.16 所示。

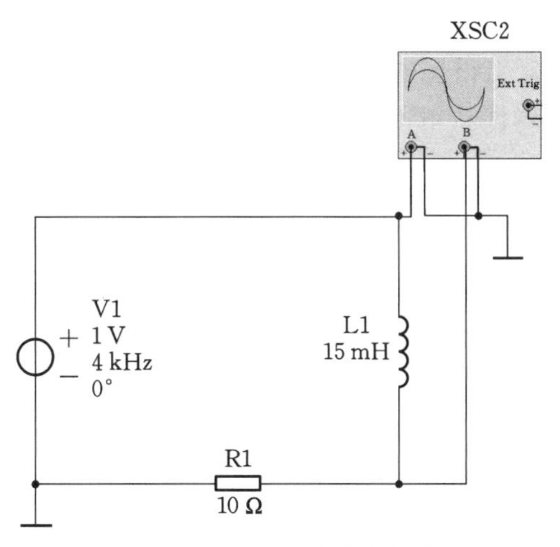

图 5.15　正弦稳态电路仿真

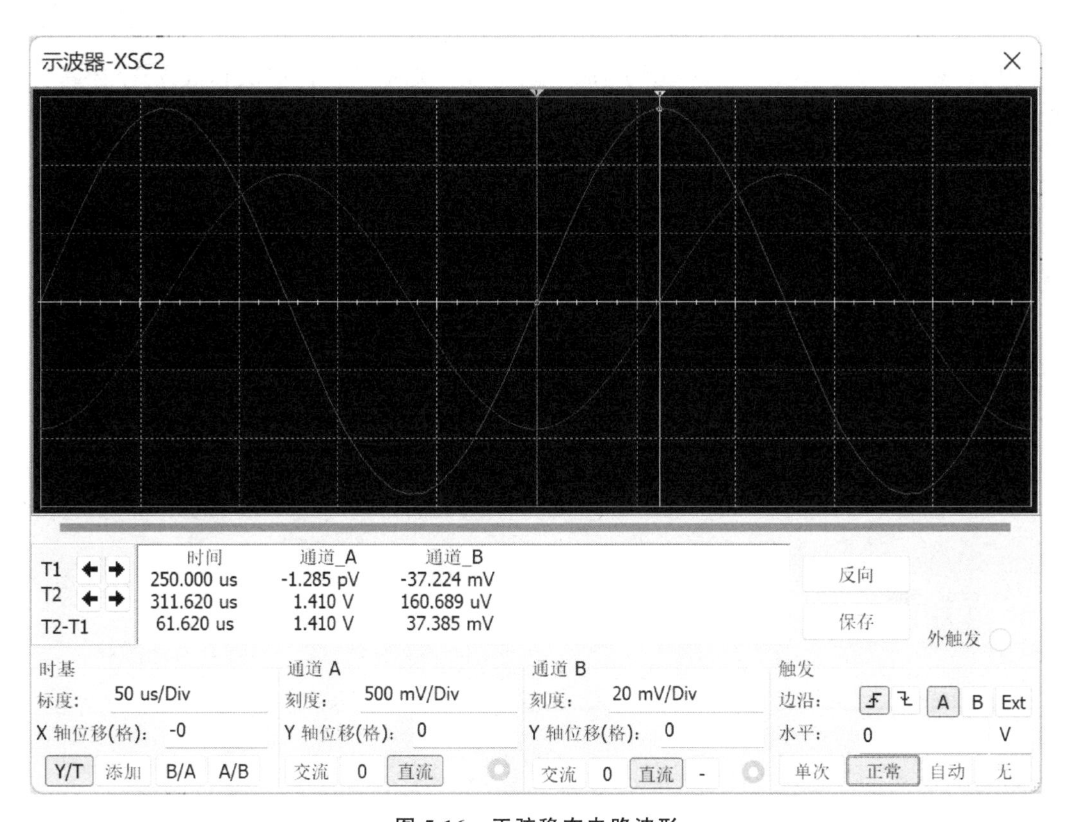

图 5.16　正弦稳态电路波形

5.2.6 谐振电路频率特性仿真

串联谐振仿真应用交流分析法测试 RLC 串联谐振电路频率特性，通过仿真了解电路中电阻对谐振电路品质因数和通带的影响。测试电路频率特性就是测量电路中电阻电压的幅频特性和相频特性。谐振仿真电路及元器件参数如图 5.17 所示。

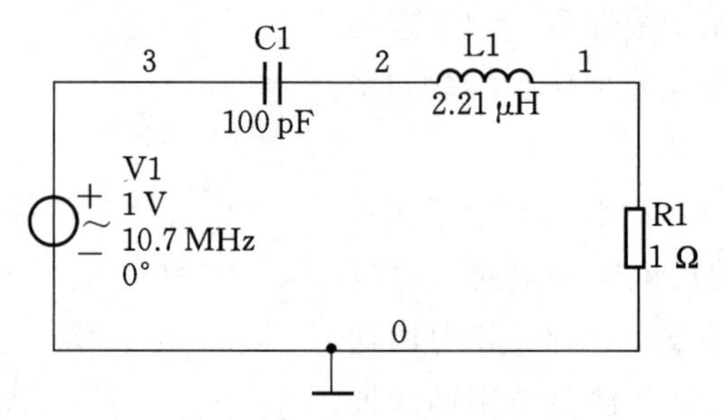

图 5.17 RLC 串联电路

在开始仿真前，需要设置交流分析法参数，可通过执行菜单命令“仿真”中的“Analyses and Simulation”打开“交流分析”窗口。设置参数如图 5.18 所示。设置完毕后，即可运行仿真，电路的频率特性曲线如图 5.19 所示，图中上半部分是幅频特性曲线和数据；下半部分是相频特性曲线和数据。

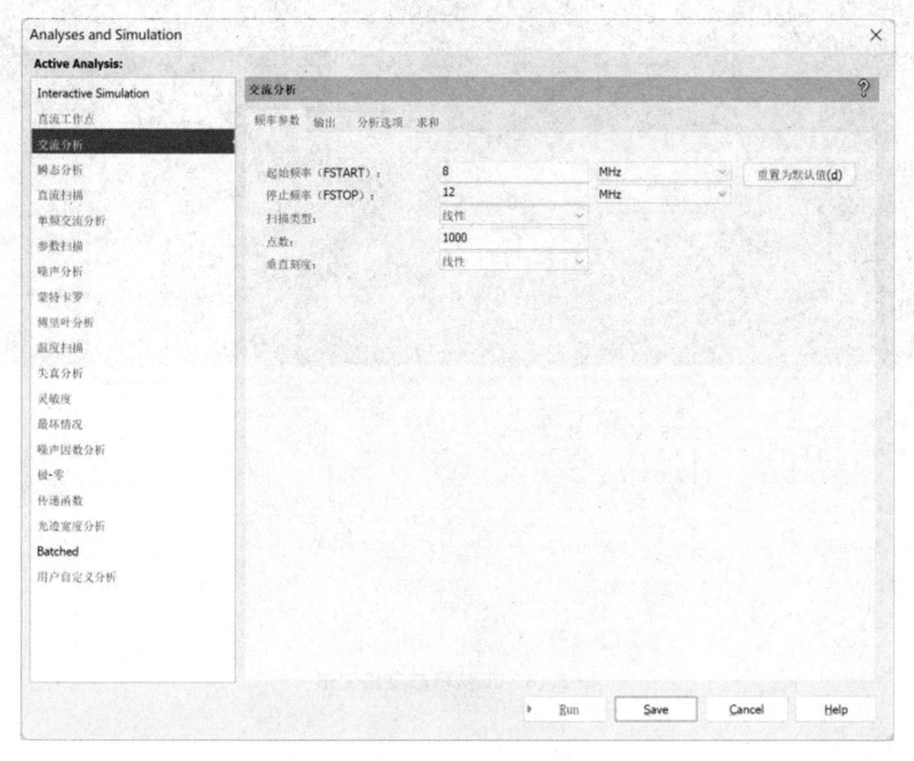

图 5.18 交流参数设置

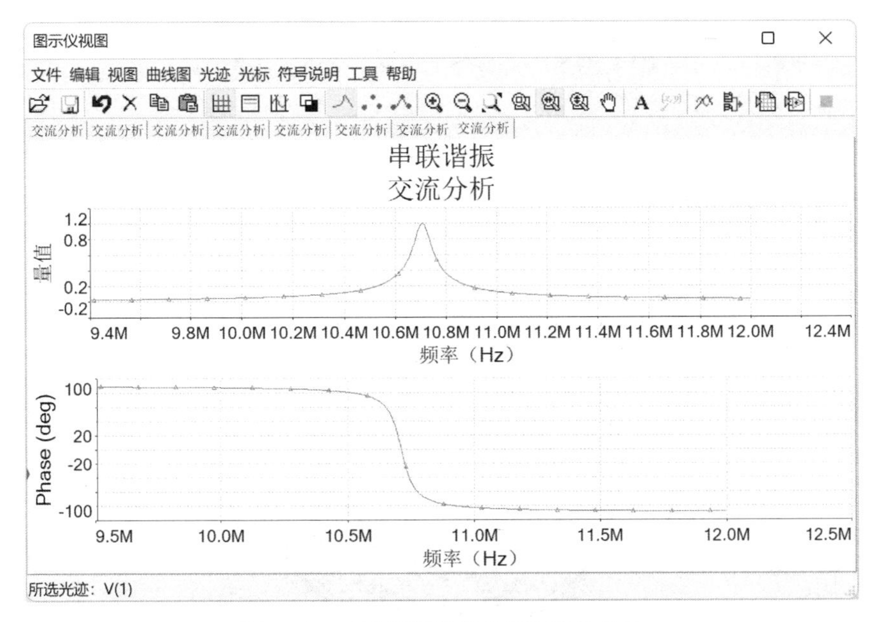

图 5.19　串联谐振电路的频率特性曲线

5.2.7　三相电路

利用仿真软件搭建并测量三相电路中的相电压、线电压、相电流和线电流，并验证三相系统的相、线关系。通过仿真模拟，加深对三相系统的理解。三相仿真电路及元器件参数如图 5.20 所示。

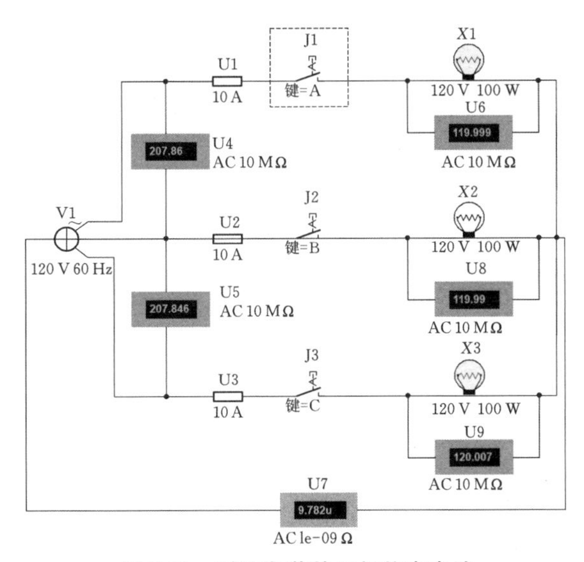

图 5.20　对称负载的三相仿真电路

本例在“电源库”中调用三相交流电压源，三相负载的灯泡参数为 120 V、100W，在“仪器工具栏”中调用伏特计和安培计。

附录 实验报告

学号：____________________

沈阳城市建设学院
实验报告

20____年____学期

课程名称：____

实验类别：演示性□ 验证性□ 综合性□ 设计性□ 创新性□ 其 他□

实验项目：________________________________ 项目学时：________

姓　　名：________________________ 专业班级：________________

实验地点：________________________ 指导教师：________________

实验时间：第____周 星期____ 第__～__节　　成　　绩：________

沈阳城市建设学院实验报告

（一）实验项目

（二）实验目的

（三）主要仪器设备

仪器编号	名　称	规格、型号	数量	设备状态

（四）实验原理

（五）实验步骤

（六）实验数据记录

（七）实验数据处理与分析

（八）实验结论

（九）实验总结

本次实验成绩评定	评分项目及占比	出勤与课堂（30％）	操作表现（40％）	实验报告（30％）
	分　数（折算后）			
	成　绩（百分制）			

教师签字：	批阅日期：　　年　　月　　日

参 考 文 献

[1] 邱关源.电路[M].5 版.北京:高等教育出版社,2006.
[2] 刘晓文,陈桂真,薛雪.电路实验[M].3 版.北京:机械工业出版社,2021.
[3] 吴雪.电路实验教程[M].北京:机械工业出版社,2017.
[4] 郭莉莉,奚春彦,魏惠芳.电路分析基础[M].北京:中国建筑工业出版社,2023.
[5] 李继芳.电工学与电路实验全教程[M].北京:电子工业出版社,2020.
[6] 杨风.大学基础电路实验[M].4 版.北京:电子工业出版社,2020.
[7] 陈晓平,李长杰.电路实验与 Multisim 仿真设计[M].北京:机械工业出版社,2015.